SCIENCE
趣味科学馆

其实这是
生物

 于想 主编

吉林出版集团股份有限公司 | 全国百佳图书出版单位

图书在版编目（CIP）数据

其实这是生物 / 于想主编 . -- 长春 : 吉林出版集团股份有限公司 , 2023.6

（趣味科学馆）

ISBN 978-7-5731-2636-8

Ⅰ . ①其… Ⅱ . ①于… Ⅲ . ①生物 – 儿童读物 Ⅳ . ① Q-49

中国国家版本馆 CIP 数据核字（2023）第 002903 号

QISHI ZHE SHI SHENGWU

其实这是生物

主　　编：于　想	编　　委：李巧薇　文玉辉
出版策划：崔文辉	项目统筹：郝秋月
选题策划：王诗剑	责任编辑：侯　帅
图文统筹：上品励合（北京）文化传播有限公司	
封面设计：薛　芳	

出　　版：吉林出版集团股份有限公司
　　　　　（长春市福祉大路 5788 号，邮政编码：130118）

发　　行：吉林出版集团译文图书经营有限公司
　　　　　（http://shop34896900.taobao.com）

电　　话：总编办 0431-81629909　　营销部 0431-81629880/81629900

印　　刷：长春新华印刷集团有限公司

开　　本：889mm×1194mm　1/16

印　　张：7

字　　数：70 千字

版　　次：2023 年 6 月第 1 版

印　　次：2023 年 6 月第 1 次印刷

书　　号：ISBN 978-7-5731-2636-8

定　　价：28.00 元

印装错误请与承印厂联系　电话：0431-86059099

前 言

人为什么要吃饭？

耳朵为什么能听到声音？

为什么植物的叶子是绿色的？

蝉为什么要脱壳？

为什么放久了的面包、馒头上会长毛？

……

　　小朋友们，你们知道这些现象的答案吗？其实这就是生物学中的知识。生物学的实用性很强，能引导我们把身边的世界看得更清楚。如果你对发生在身边的生物现象感兴趣，那么，《其实这是生物》就可以为你解答大部分疑问。

　　本书采用通俗易懂的语言，图文并茂的方式，通过解读人体、动物、植物、微生物等方面的生物现象，把中学所要学到的生物知识全方位展现在小朋友们面前。此外，书中还介绍了一些与生物相关的趣闻和课外小知识。例如，水培蔬菜为什么没有被大规模推广，真菌为什么会让人生病等。

　　希望通过阅读本书，激发孩子们对生物学的兴趣，更好地认识我们生活的这个生物世界。

目 录

不可思议的人体现象

人类的体毛为什么这么短 / 006

孩子为什么和父母长得像 / 008

人为什么要吃饭 / 010

为什么吃进去的是饭菜，排出的
是便便 / 012

为什么血液是红色的 / 014

吸入的空气去哪儿了 / 016

尿是怎么产生的 / 018

为什么人的身体会活动 / 020

身体为什么会出汗 / 022

为什么叩击膝盖下面，小腿会弹
起 / 024

为什么有人身材高大，有人却身
材矮小 / 026

为什么瞳孔会变大、变小 / 028

为什么耳朵能听见声音 / 030

人为什么会发烧 / 032

人的指纹为什么是独一无二的 / 034

鸡皮疙瘩是怎么产生的 / 036

奇妙的植物现象

为什么植物的叶子是绿色的 / 038

为什么树木会有年轮 / 040

到了秋天，为什么一些植物的叶片会变
红或变黄 / 042

褐色的海带煮熟后为什么会变成绿
色 / 044

为什么苔藓喜欢生长在阴暗潮湿的地
方 / 046

恐龙灭绝了，为什么它的食物却活了下
来 / 048

豆子是两瓣的，为什么玉米却不是 / 050

为什么生姜、土豆没有种子也能发
芽 / 052

为什么春天是播种的季节 / 054

为什么植物的根总是向下生长，茎却向上生长 / 056

为什么没有土壤，植物也能生长 / 058

为什么植物会开花 / 060

蒲公英为什么会飞 / 062

为什么向日葵的花盘会向着太阳的方向旋转 / 064

为什么冷藏的水果、蔬菜保鲜时间长 / 066

为什么大树底下好乘凉 / 068

有趣的动物现象

为什么海蜇会蜇人 / 070

粪便里为什么会有长长的虫子 / 072

蚯蚓为什么在粗糙的表面爬得快 / 074

蜗牛为什么在下雨后才出来 / 076

蝉为什么要脱壳 / 078

蜻蜓点水是在做什么 / 080

蜜蜂、蝴蝶为什么总在花丛中飞来飞去 / 082

为什么到了冬天，有些动物要冬眠 / 084

为什么蚂蚁总是成群结队的 / 086

萤火虫为什么能发光 / 088

鱼为什么能在水里游 / 090

小蝌蚪是怎么变成青蛙的 / 092

蛇为什么弯弯曲曲地爬行 / 094

变色龙为什么会变色 / 096

壁虎的尾巴为什么断掉还能再长出来 / 098

鸟为什么能在天上飞 / 100

惊弓之鸟是怎么回事 / 102

哺乳动物为什么能称霸地球 / 104

与人类相关的微生物现象

为什么剩菜放久了会发酸 / 106

为什么放久了的面包、馒头上会长毛 / 108

流感病毒为什么会传染 / 110

不可思议的人体现象

人类的体毛为什么这么短

现象　不知道小朋友有没有注意到，同样是哺乳动物，猩猩、狮子，以及很多动物都长着长长的体毛，而我们人类的体毛却又短又细，皮肤还很光滑，这是为什么呢？

解释这个问题，要从人类的进化讲起。

19世纪时，英国著名的生物学家达尔文提出了生物进化论，提出人类和现代类人猿有着共同的祖先——森林古猿。

森林古猿生活在距今1200多万年前，那时的古猿身上还长有厚厚的毛发，主要用来保暖和保护皮肤。

人类起源后，经历了漫长的进化过程才变成现代的人。人类进化过程可以分为南方古猿阶段、能人阶段、直立人阶段和智人阶段。

直立人阶段，人类会使用火，如中国的"北京人"遗址中就有使用火的遗迹，火的使用意味着同寒冷做斗争的能力增强。

智人阶段，智人分为早期智人和晚期智人。早期智人会用骨针缝制简单的兽皮衣服来保暖，这时的人类对毛发的依赖度大大降低，甚至毛发反而成了累赘。经过漫长的进化过程，绝大部分毛发退化成了如今的体毛，仅有少数部位还保留了较长的毛发。

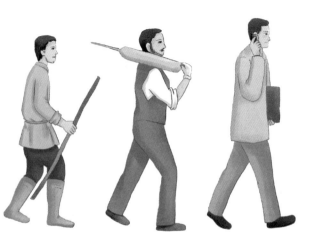

课外小知识 🔍

现代类人猿包括长臂猿、猩猩、黑猩猩、大猩猩，是灵长目猩猩科和长臂猿科的统称。这些动物与人类的亲缘关系较近。

孩子为什么和父母长得像

现象 很多孩子的身体体征和父母十分相似，如都是双眼皮，都能卷舌，大拇指都能向背侧弯曲等。这真是一件非常神奇的事。

孩子和父母长得像是一种遗传现象，长相能从父母遗传给孩子的原因是控制长相的遗传物质能从父母传递给孩子。人是由受精卵慢慢发育而来的，而受精卵是由卵细胞和精子结合而成，精子里有来自父亲的遗传物质，卵细胞里有来自母亲的遗传物质。

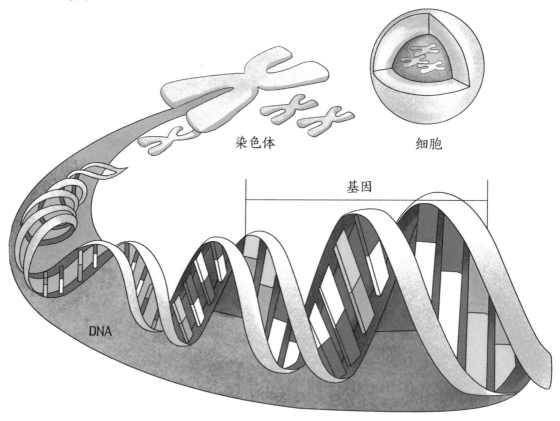

染色体　　　　　　　细胞

基因

DNA

人类的遗传物质是DNA（脱氧核糖核酸），DNA与蛋白质构成染色体，基因是DNA上能控制生物性状（如单眼皮或双眼皮）的特定片段，因此基因在染色体上。父母通过精子和卵细胞把染色体传递给子女的同时，也把染色体上的基因传递给子女，所以子女会表现出父母的性状。

有的双胞胎长得非常像，是因为他们是由同一个受精卵发育而来，这个受精卵在发育过程中一分为二，形成两个胚胎，它们的遗传物质几乎完全相同，因此长相十分相似，甚至可能连自己的父母都分辨不出。

课外小知识 Q

基因是一段具有遗传效应的DNA片段，很多父母身上的特点会通过基因遗传给下一代。好的方面会遗传，一些坏的方面也会遗传，比如家族疾病可能会通过精子或卵细胞传给后代。目前已知26种遗传病和基因遗传有关，如白化病、唐氏综合征、血友病、先天性耳聋等。

人为什么要吃饭

 我们正常情况下都会一天吃三顿饭，如果有一顿饭不吃，过不了多久肚子就会发出咕噜噜的抗议声，这是肚子在提醒我们该吃饭了。

因为人体由许多细胞构成，细胞要活下去就需要营养供给，比如糖类、脂肪、蛋白质、无机盐、维生素、水等。这些营养需要从食物中获取。

糖类：为人体提供能量，主要食物来源有：谷物、薯类等。

脂肪：为人体提供能量和必需脂肪酸。主要食物来源有肥肉、奶油、蛋黄、花生、芝麻、坚果等。

蛋白质：是建造和修复身体的重要原料。主要的食物来源有牛奶、鸡蛋、鱼、虾、瘦肉、鸡肉、豆腐等。

无机盐：又称矿物质，虽然在人体内的含量不多，却是维持生命活动和保证人类生长发育不可缺少的营养素。

维生素：主要维持身体代谢和组织的正常发育。

水：调节体温，溶解物质，运输物质，参与细胞内的化学反应等。

膳食纤维：促进肠道蠕动和排空，预防便秘；在蔬菜、水果、粗杂粮中含量丰富。

如果缺少这些营养物质，我们的生命活动就会受到影响，所以人每天都要吃饭，而且日常进食要合理，进行营养搭配。

课外小知识 🔍

营养不良和营养过剩对身体都有坏处，由于饮食不规律或饮食过少而导致营养不良，会出现消瘦、身体乏力等等症状。而营养过剩是由于人吃得太多，运动量太少，导致营养在人体中过度积累，引发肥胖、高血脂、糖尿病等疾病。

为什么吃进去的是饭菜，排出的是便便

现象　　大家有没有这个疑问：不管我们吃什么，最终都会变成粪便排出体外，那么食物在人体内到底经过什么样的转变呢？

食物从口进入，经过咽、食道、胃、小肠、大肠等器官，最终变成粪便排出体外。

食物中的淀粉只有一小部分在口腔中被分解。吃进去的食物经过口腔加工、牙齿的咀嚼和舌头的搅拌，与唾液混合后，在口腔肌肉的推送下，被送入食道。

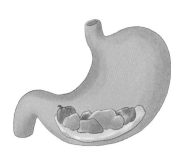

食物经食道进入胃部，胃里有大量胃液，胃液能对蛋白质进行初步分解。食物进入胃中，胃壁平滑肌有秩序地收缩导致胃蠕动，使食物与胃液混合，形成糨糊状的食糜。食糜被推入下一个器官——小肠。

小肠是人体最长的消化器官，小肠壁上有许多褶皱，和胃一样，小肠也会不停地蠕动，把食糜研磨得更细。同时小肠也会分泌肠液，并和胰腺分泌的胰液、肝脏分泌的胆汁一起充分混合，食物的大部分营养会在小肠被消化和吸收。

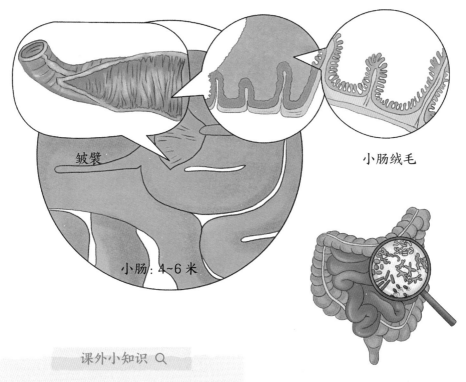

皱襞

小肠绒毛

小肠: 4~6 米

食物进入大肠后，一部分水分、无机盐和维生素被大肠吸收。

部分物质在肠道微生物的作用下会生成一些气体，这些气体就是放出的的屁。此时，便便也逐渐堆积在直肠，等待从肛门排出体外。这便是吃进去的饭菜变成粪便的过程。

为什么血液是红色的

现象 ────── 当我们受伤流血或流鼻血的时候，就能直观地看到血液的颜色——红色。为什么我们身体内的血是红色而不是其他颜色呢？

血液是由血浆和血细胞（白细胞、红细胞、血小板）组成的。

血浆──────
血浆：主要运载血细胞，运输人体活动所需的营养物质和人体细胞产生的废物等。

白细胞和血小板──────

红细胞──────

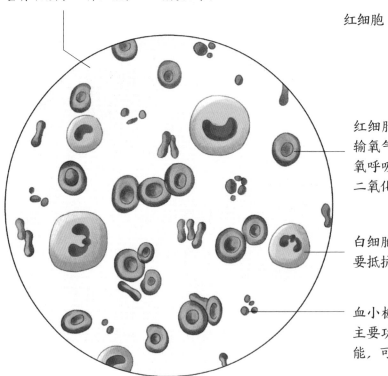

红细胞：主要作用就是运输氧气供人体细胞进行有氧呼吸，红细胞也可运输二氧化碳。

白细胞是人体的卫兵，主要抵抗细菌病毒的入侵。

血小板：凝血是血小板的主要功能之一，有止血功能，可修复破损的血管。

血液组成

动脉血　　　静脉血

血细胞约占血液的 45%，红细胞数量最多。红细胞呈现红色是因为红细胞富含血红蛋白。血红蛋白在氧浓度高的地方与氧结合，在氧浓度低的地方与氧分离。

动脉中含有营养和氧气的血液进入人体的毛细血管，为组织细胞输送营养物质，带走二氧化碳和废物。同时，与血红蛋白结合的氧被释放，供给组织细胞进行有氧呼吸，由此，血液就从富含氧、颜色鲜红的动脉血变成了含氧少、颜色暗红的静脉血。

给病人输血要输入血型匹配的血液。血型通常分为 O 型、A 型、B 型和 AB 型四种。人的血型终生不变。

课外小知识 Q

"献血"指的是健康成年人把自己的血液贡献给医疗机构，让需要输血的病人使用。正常情况下献血不会对人体健康造成影响，定期献血反而会降低血液黏稠度，促进新陈代谢，降低心脑血管疾病发生的风险。

吸入的空气去哪儿了

现象 人类从出生那一刻就开始用鼻子呼吸，吸入氧气，呼出二氧化碳，那么空气在体内经过了怎样的路径呢？

在回答这个问题之前，大家先来认识一下人体的呼吸系统吧。

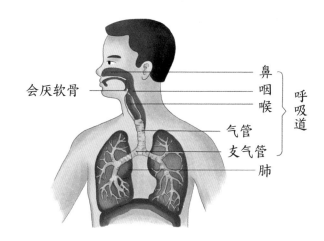

鼻腔是气体进入人体的第一个通道，鼻腔内有鼻毛、鼻黏膜、丰富的毛细血管，可对吸入的气体起到清洁、湿润和温暖的作用。

喉是以软骨为支架，喉室的中央有两条声带，声音就是由声带发出的。所以，喉既是呼吸道的组成部分，又是发声器官。

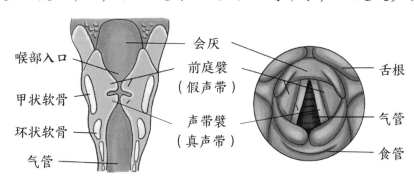

气管由许多 C 形软骨构成，呈管状，上边接喉头，下边连通左右两个肺。气管内壁上的黏膜能分泌黏液，黏液中含有能抵抗细菌和病毒的物质，起到净化空气的作用。

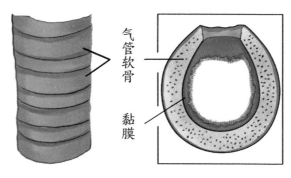

气管软骨

黏膜

肺位于胸腔。在肺上分布着很多肺泡，每个肺泡上面都覆盖着毛细血管，用于气体交换。

血液经过肺泡时，肺泡中的氧气进入血液，氧气与红细胞中的血红蛋白结合，随着血液循环被运送到组织细胞，在组织细胞内发生有氧呼吸，消耗氧气，产生二氧化碳，二氧化碳随着血液循环被运送到肺部毛细血管。血液中的二氧化碳进入肺泡，随着呼吸运动排出体外。

毛细血管

支气管分支末端

二氧化碳进入肺泡

肺泡

肺泡

氧进入血液

课外小知识 🔍

海拔超过 3000 米的地区氧气稀疏，习惯了平原生活的人来到高原上，可能会出现高原反应，从而进入一种缺氧的状态。所以到高原旅游的人最好携带氧气包，以减轻高原反应。

尿是怎么产生的

 现象 我们每天都要排尿，喝水多的话排尿的次数就会增多。这是怎么回事，尿是怎么形成的呢？

人体新陈代谢后会产生许多废物，这些废物通过多种途径排出体外，其中尿素、多余的水分和无机盐等废物主要通过泌尿系统排出体外。泌尿系统由肾脏、输尿管、膀胱及尿道组成。

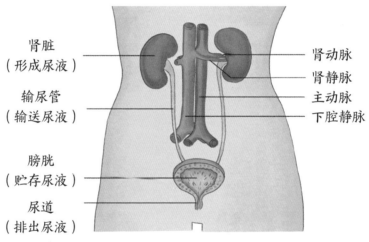

- 肾脏（形成尿液）
- 肾动脉
- 肾静脉
- 输尿管（输送尿液）
- 主动脉
- 下腔静脉
- 膀胱（贮存尿液）
- 尿道（排出尿液）

肾脏是形成尿液的器官，位于人体腰部脊柱的两侧，由肾盂和肾实质（皮质和髓质）两部分组成。肾脏是形成尿液的器官，每个肾脏由大约 100 万个肾单位构成，肾单位又包括肾小体（肾小球、肾小囊）和肾小管两部分。肾小体集中在皮质；肾小管主要在髓质，皮质也有分布。

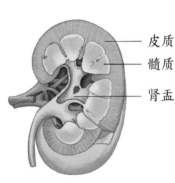

- 皮质
- 髓质
- 肾盂

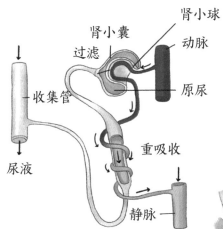

肾小囊
过滤
肾小球
动脉
收集管
原尿
重吸收
尿液
静脉

肾小球和肾小囊内壁就像肾脏中的过滤网，它们负责过滤血液中的代谢物，将蛋白质留在体内，小分子物质和水分过滤进肾小囊形成原尿，再经过肾小管的重新吸收形成最终的尿液。

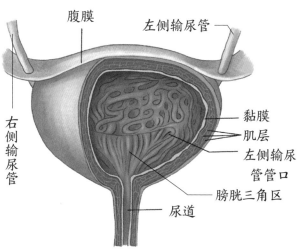

腹膜
左侧输尿管
右侧输尿管
黏膜
肌层
左侧输尿管管口
膀胱三角区
尿道

肾盂收集的尿液通过输尿管储存在膀胱内。输尿管主要功能是输送尿液。

膀胱位于腹部耻骨之后，呈囊状，用于储尿和排尿。膀胱储存了一定量的尿液时，膀胱上的神经组织会向大脑发出信息，这时大脑会提醒我们"该排尿了"，最终尿液通过尿道排出体外。

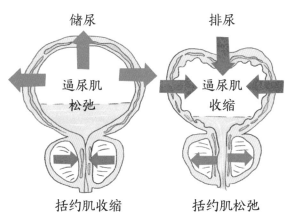

储尿
逼尿肌松弛
括约肌收缩

排尿
逼尿肌收缩
括约肌松弛

课外小知识 Q

为什么不见小鸟排尿呢？这是因为鸟类的泌尿系统和人类不同。鸟类的消化系统和泌尿系统共用一个叫泄殖腔的通道，鸟类产生的粪便和尿都会通过泄殖腔排出体外，所以我们就只能看到小鸟排便，却看不到它排尿。

为什么人的身体会活动

现象 体育场上，我们能看到运动员们利用灵活的身体做出各种姿势，平时我们做家务，参加各种劳动，是什么保证了身体的灵活性呢？

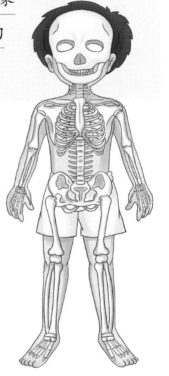

一个健康的人之所以能灵活自如地活动，是在骨、关节、肌肉三种器官共同协作下完成的。人体骨骼坚硬而又有韧性，支撑着人体内部的所有软组织，使人体保持一定的形状。骨骼给骨骼肌提供附着点，骨骼肌的收缩能牵动骨的伸展，从而使身体完成某个运动。

骨与骨之间的连接主要有三种方式：

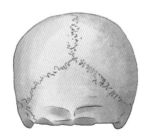

不活动的连接

半活动的连接

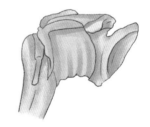

活动的连接

其中，活动的骨连接也称为关节。有了关节，才保证了身体的灵活性。

肌肉是由肌纤维组成的，肌纤维是一个个长圆柱形的细胞，许多肌纤维排列成束。结缔组织膜将肌纤维束紧紧包裹，就形成了一块块肌肉。肌肉中含有丰富的血管和神经。

肌肉的肌腱附着在关节两端不同的骨上，当肌肉收缩和舒张时，骨就会做出相应的运动。

肱二头肌舒张

肱二头肌收缩

肱三头肌收缩

肱三头肌舒张

总之，在人体运动系统中，骨骼起到杠杆的作用，肌肉收缩为运动提供动力。骨、关节和肌肉三者密切配合，才让我们能够完成各种各样的运动。

课外小知识 🔍

人要经常运动，运动可以使身体更健康，增强自身的免疫力，减少疾病的发生。经常运动可以让心情更愉悦，提高学习和工作效率。小朋友在运动过程中还能使身体长高，让身体发育更匀称。

身体为什么会出汗

现象　　　大家都知道，夏天天热的时候我们的皮肤会出汗，在大量运动后皮肤也会出汗，甚至紧张的时候也会冒冷汗，为什么我们会出汗呢？

汗液是从皮肤里冒出来的，皮肤是人体最大的器官，成年人的皮肤为 1.5~2 平方米，上面分布着 200 万 ~500 万个汗腺，平均每平方厘米的皮肤上有 300 个汗腺。汗液的分泌和排泄就是靠皮肤上的汗腺来完成的。

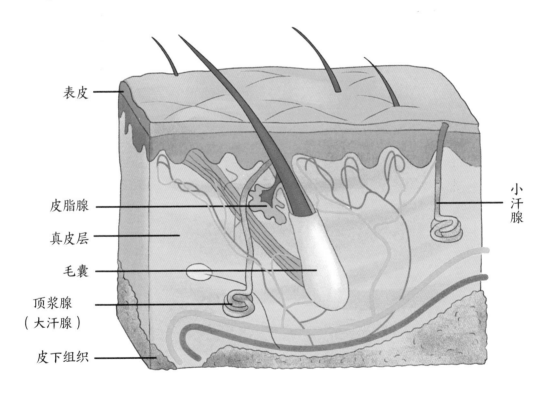

表皮

皮脂腺

真皮层

毛囊

顶浆腺
（大汗腺）

皮下组织

小汗腺

出汗可以调节体温，如夏天环境温度较高，分泌的汗液就会带走部分热量，人体在神经系统和其他各器官系统共同作用下，体温恒定在 36℃~37℃。

高温环境下，血管就会明显扩张，利于人体出汗。

剧烈运动时，骨骼肌产生大量热量，如不排出会让人活活"热死"，所以出汗非常重要。

大量出汗会让体内的水分流失，所以这时要及时补充水分，否则人体会出现脱水现象。

出汗还有一个功能就是排出体内代谢的废物，体内产生的废物除了通过泌尿系统排出体外，还能通过出汗的方式排出一部分。

课外小知识 🔍

"盗汗"是中医名词，指的是人们入睡后，汗液像盗贼一样偷偷泻出来。严重的盗汗出汗量特别大。这是一种身体疾病的表现，要及时到医院进行治疗。

为什么叩击膝盖下面，小腿会弹起

现象 医生有时在给病人检查身体时，会用一个小锤敲击病人膝盖下方的部分，如果病人小腿不由自主地向上弹起为正常，否则可视为患病状态。

膝盖下方的韧带上分布着丰富的神经组织，当它受到外部刺激时就会发生突然跳起的反应，我们称之为膝跳反射。这是医生检查神经系统是否受伤的方式之一。

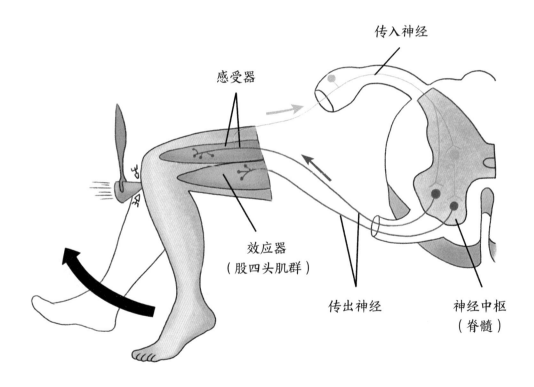

传入神经

感受器

效应器
（股四头肌群）

传出神经

神经中枢
（脊髓）

像膝跳反射这样的人生来就有的反射，被称之为简单反射。人类还存在其他简单反射，如以下几种常见情况。

吸吮反射：是哺乳动物及人类婴儿先天具有的一种反射，当用乳头碰触新生儿的口唇时，婴儿就会有吸吮的动作。

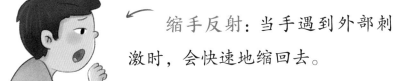

缩手反射：当手遇到外部刺激时，会快速地缩回去。

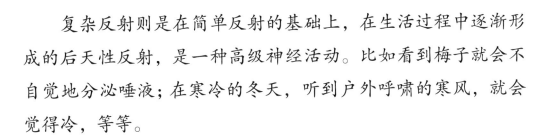

眨眼反射：当人在受到外部刺激时，会不自觉地眨眼睛。

复杂反射则是在简单反射的基础上，在生活过程中逐渐形成的后天性反射，是一种高级神经活动。比如看到梅子就会不自觉地分泌唾液；在寒冷的冬天，听到户外呼啸的寒风，就会觉得冷，等等。

课外小知识 🔍

你有没有这样的感觉，当你盯着一个字看久了，会突然发现它很生疏，好像不认识了一样。这是因为神经系统有一个特点，大脑在短时间内持续多次受相同的刺激后，会产生神经疲倦，也就是大脑某个部位出现短时的"罢工"。你只要不看这个字，过一会儿再看，这种感觉就消失了。

为什么有人身材高大，有人却身材矮小

现象 同一个班级的同龄学生，有的长得高，有的长得矮。大人们也是如此，这是怎么回事呢？

人在生长过程中，因为各种因素的影响，会造成人的身高有所不同。在这些影响因素中，内分泌系统是影响人的身高的重要因素之一。

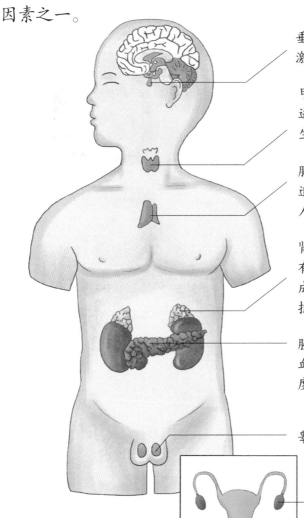

垂体：能分泌生长激素、促甲状腺激素等多种激素。

甲状腺：可分泌甲状腺激素，能促进机体新陈代谢，维持机体的正常生长发育。

胸腺：能分泌胸腺激素，用于诱导造血干细胞发育成淋巴细胞，增强人体的免疫力。

肾上腺：可分泌肾上腺皮质激素，有调节糖、脂肪、蛋白质的生物合成和代谢的作用，另外还有一定的抗炎作用。

胰岛：（散布于胰内）分泌的胰高血糖素和胰岛素主要调节血糖浓度。

睾丸（男）
卵巢（女）

性腺：主要分泌性激素，促进生殖器官的发育，生殖细胞的形成，以及第二性征的出现。

人的身高除了受激素影响外，还与遗传、饮食、运动等因素有关。一些欧洲人特别是荷兰人普遍身高都比东南亚人高，这就是基因导致的。

养成合理的饮食习惯，注意营养的搭配，对促进生长发育也很有帮助。

多参加体育锻炼，比如跑步、跳高、跳绳，这些运动都有助于身体的发育，促进骨骼的生长。

课外小知识 🔍

有些食物里含有激素，会导致儿童性激素分泌紊乱，对儿童的健康成长极为不利，要提高警惕哟！

为什么瞳孔会变大、变小

现象 小读者们，你们可以找一个伙伴来做一个实验：首先在户外有阳光的地方，会发现小伙伴的瞳孔变小了；然后进入光线较暗的屋子里，再看他的瞳孔却变大了。

瞳孔是眼睛内虹膜中心的小圆孔，光线通过瞳孔进入眼球内部，最终落在视网膜上形成物像。视觉神经将视网膜上的信息传递到大脑的特定区域，就能分辨眼睛所看到的物体。

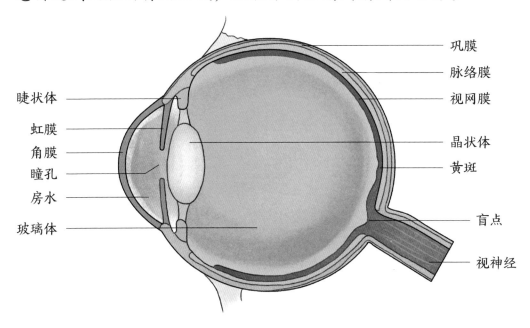

在强光下，为了防止光线太强损伤眼睛，瞳孔就会变小，从而减少光线的进入量；在昏暗的环境下，为了看清物体，瞳孔就会放大，让更多的光线进入眼内。

比如我们去看电影，刚进入电影院时，会觉得周围特别昏暗，视线是模糊的。但当眼睛适应后，就能看清周围物体了。这与适应黑暗过程中眼睛调节瞳孔大小有关，此时瞳孔由小变大，让更多光线进入眼睛。

反之，从昏暗的影院出来，会感觉室外的光线很刺眼，这时瞳孔就会由大变小。

当遇到令你兴奋的事情时瞳孔也会变大，这是受到情感影响的结果。

课外小知识 🔍

　　动物的瞳孔和人类的一样吗？答案是否定的。比如猫和狐狸的瞳孔在缩小时就是竖立的，只有放大时瞳孔才会变成圆形。而且动物的瞳孔放大之后会比人类的更大，所以很多动物晚上的视力要比人类好得多。

　　马和山羊的瞳孔都是长方形的，可以为它们提供更宽阔的视野，便于奔跑，躲避猛兽的攻击。

为什么耳朵能听见声音

平时生活中，我们能听到各种各样的声音，有优美的音乐声，嘈杂的机器声，悦耳的鸟叫声，更多的是人与人交流时的说话声。

能听到声音，都是耳朵的功劳。耳朵是人体的听觉器官。

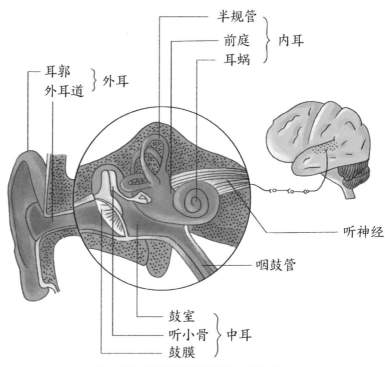

耳郭可以聚拢并收集声波，声波经过外耳道传导到鼓膜，鼓膜振动并带动鼓室内的三块听小骨也随之振动，声波传导至耳蜗。耳蜗上面布满纤毛，声波使纤毛摩擦产生神经冲动，神经冲动通过听觉神经传递到大脑的特定区域，经过大脑分析，我们就能听到各种声音了。

课外小知识 🔍

声音传入内耳有两种路径：一种为空气传导途径，空气中的声源发出声音经外耳传入，使鼓膜振动，传入内耳，我们一般听到的声音都是通过空气传导的。

另一种为骨传导的途径，声音经颅骨传至内耳，现在市场上出现了一种最新的耳机——骨传导耳机，它就是利用骨传导的原理而研制的。

耳朵用处很大，但很多人忽略了用耳卫生。有的人喜欢戴耳机听音乐，而且还把音量调得很大，这对听力是非常有害的。所以，建议大家不要长时间使用耳机听音乐。

此外，还有的人习惯掏耳朵，认为把耳朵里的分泌物掏出来会使耳朵干净。殊不知这些分泌物不仅能保持耳道湿润，还能防止异物进入耳朵。过度掏耳朵会导致耳朵发炎，严重的还会损伤鼓膜，造成听力下降。

当听到巨大声响时，应快速把嘴张开或者堵耳、闭嘴。

如果一侧耳朵进了水，可将这只耳朵向下，然后用同侧的脚单脚原地连跳几次，依靠重力作用将耳朵中的水排出。

人为什么会发烧

现象 ——— 相信大家都有过发烧的经历，发烧时我们体温会升高，并伴随浑身发冷、头晕、额头发烫、四肢无力等症状，很不舒服。

在医学上，发烧也叫发热，指体温超过正常范围（36℃~37℃）。为什么人会发烧呢？人体就像一部空调，它的温度是由下丘脑的体温调节中枢来控制的。人体由于各种原因导致产热增加或散热减少，就会出现发烧的症状，而最常见的原因就是细菌、病毒等入侵人体产生的感染。

头痛

发热
（38℃以上）

结膜充血

全身倦怠感

恶寒

肌肉痛
关节痛

当病原体侵入人体后，人体会动用一些防御机制，如粒细胞、淋巴细胞等免疫细胞会被激活，联合起来对付来犯的细菌和病毒。而适当发烧，会提高免疫功能，所以说，发烧是人体对抗病原体的生理过程，对人体起到保护作用。

发烧后，以38.5℃作为分界，如果体温低于38.5℃，可采用物理降温的方法。比如用温热的毛巾擦拭患者的额头、颈部、腋窝、腹股沟等血管密集的部位。

如果体温高于38.5℃时，除继续物理降温外，还须在医生指导下服用退热药物，如果服药后还不降温，就要及时送医院治疗。

人的指纹为什么是独一无二的

现象 —— 仔细观察一下自己的手指，你会发现每根手指上面都分布着一些不同纹路，十根手指的纹路各不相同，而且每个人的手指纹路也是不同的。

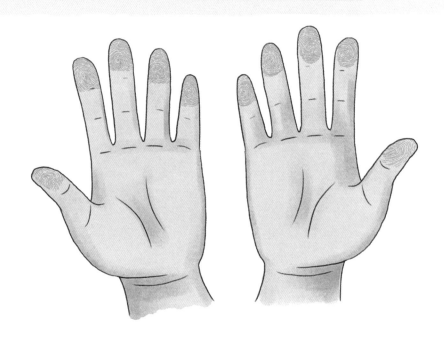

手指上的纹路就是我们所说的指纹，指纹主要是由基因决定的。当我们还在妈妈肚子里时，指纹就已经形成了，从出生那一刻起，指纹就会伴随我们一生。

指纹并不是可有可无的，它能增加手指和物体之间的摩擦力，便于我们抓取物品。

每个人的指纹都是不同的，即使是同卵双胞胎的孩子，他们的长相、体态再相似，他们的指纹也是不完全相同的，所以说每个人的指纹都是独一无二的。

如此一来，指纹就相当于一个人的标志，具有非常重要的作用。在我国，从古至今凡是订合同、立字据的时候，双方都会在名字上按上自己的手印。这样一来可以保证合同的有效性，另外也能防止合同被伪造。

警察破案时，会第一时间勘查犯罪现场留下的指纹。手指上除了分泌汗液外，还会有一些油脂，犯罪分子在作案的时候，只要摸过光滑的物体就会留下指纹，为警察破案留下线索。

现在，指纹锁已经走进了许多家庭，它比用钥匙开门更加方便快捷，安全系数也更高。

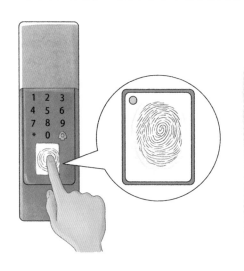

课外小知识 Q

和指纹一样，每个人眼中的虹膜也都是独一无二的。虹膜就是人们俗称的"黑眼球"，上面有斑点、条纹和血丝，由此才使每个人的虹膜有了区别。

鸡皮疙瘩是怎么产生的

现象 夏天游泳的时候，跳入水较凉的泳池中，皮肤就会不由自主地冒出许多小疙瘩。同时，汗毛也会竖起来，这是为什么？

这些小疙瘩就是俗称的"鸡皮疙瘩"。仔细观察拔过毛的白条鸡，你会发现，鸡的皮肤上会有一层凸起的小疙瘩。

我们在进入寒冷的环境中，或者感到恐惧的时候，身上也会起"鸡皮疙瘩"。

人类的皮肤由表皮、真皮和皮下组织构成。

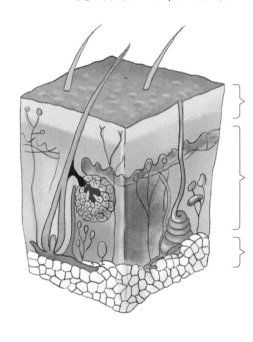

表皮层：表皮是最外一层的皮肤，表皮组织较硬，对下层组织起到保护作用。

真皮层：真皮是柔软的结缔组织，这一层含有丰富的神经末梢，能使人感受到皮肤受到的各种刺激。

皮下组织：皮下组织质地疏松，富含脂肪，还有丰富的毛细血管和神经。

皮肤的表面上有肉眼能看到的纤毛（也叫汗毛），还有肉眼看不到的汗腺、皮脂腺和毛囊等，这些统称为皮肤附属器。

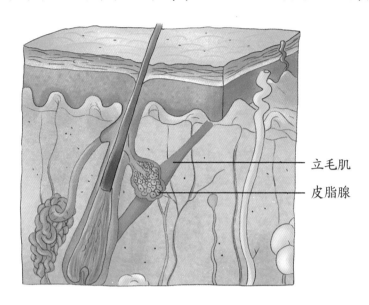

立毛肌

皮脂腺

立毛肌就是能够让毛发立起来的肌肉。当人受到刺激时，立毛肌就会主动收缩，这种收缩会使汗毛周围的皮肤被牵拉起来，"鸡皮疙瘩"就形成了。

当立毛肌收缩的时候，皮脂分泌微量的油脂，油脂能减少热量的散失，从而对人体起到一定的保护作用。

课外小知识🔍

从动物进化的角度来看，鸡皮疙瘩促使毛发竖立起来，能起到威慑天敌的作用。

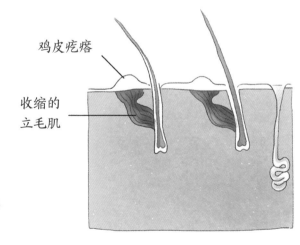

鸡皮疙瘩

收缩的
立毛肌

奇妙的植物现象

为什么植物的叶子是绿色的

现象 生活中，不论是大树，还是小草，大部分植物的叶子都是或深或浅的绿色。

为什么植物的叶子是绿色的呢？这是因为阳光是由多种颜色构成的，我们所看到的物体颜色，并不是物体本身的颜色，而是阳光照射在物体上之后，其他的颜色被物体吸收了，剩下不能吸收的颜色反射到我们眼中所致。

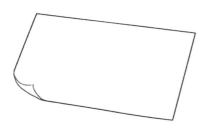

白纸能反射所有的可见光，各种颜色综合在一起反射到我们眼中是白色，所以我们看到的纸就是白色。

煤炭不反射任何光，所以我们看到的就是黑色。

为什么叶子不吸收绿色光呢？原来叶子的叶肉中含有很多叶绿体，叶绿体中主要含有叶绿素和类胡萝卜素，它们主要吸收可见光中的红光和蓝光，很少吸收绿光。

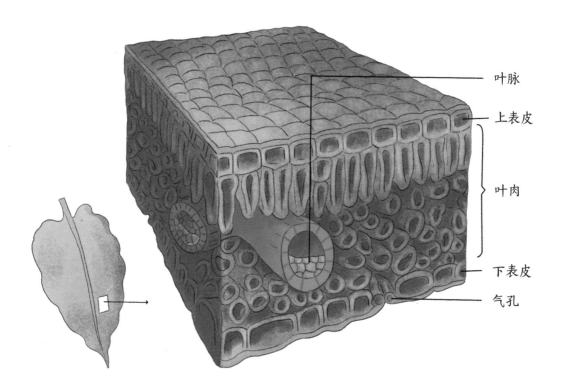

叶绿体就好像一个工厂，二氧化碳和水是进入工厂的原材料，而阳光就是使工厂运转的燃料。叶绿体经过运作，把它们转化成植物生长所需要的营养物质，并释放出氧气。

课外小知识 Q

很多人认为文竹分枝上长的是叶子，其实那是它的叶状枝条，文竹的叶子很早就退化成白色的鳞片状藏在"叶子"下面，不借助显微镜是很难看到的。

为什么树木会有年轮

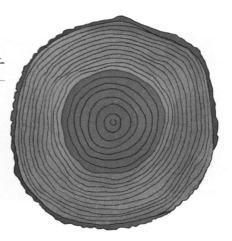

现象 把树干从中间锯开以后，会发现它的横切面上有一圈一圈的圆环，这个圆环就叫年轮。

年轮是树木体内的一种现象，通过年轮的圈数就能推算出树木的年龄。那年轮是怎么形成的呢？我们先认识一下树干的结构吧。

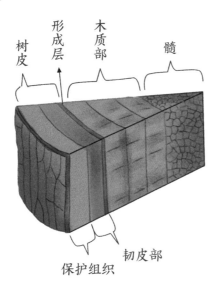

树皮　形成层　木质部　髓

保护组织　韧皮部

形成层是树木细胞生长最活跃的部分，这些细胞在分裂生长过程中会朝着两个方向发展：一个向内成为木质部，一个向外形成韧皮部。

随着时间的变化，树木细胞不断地分裂生长，树干就会变得越来越粗。同时，树木生长也受气候影响。比如春夏两季，气候适宜，养料充足，形成层细胞分裂活跃，细胞体积大且细胞壁薄，年轮部分的颜色就浅。而秋冬两季气候寒冷，养料减少，形成层细胞分裂不活跃，细胞体积小且细胞壁厚，年轮部分的颜色就深。

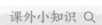

为什么我们看到的年轮的圆环都是不规则的呢？这和太阳的照射角度有关。接受日照时间长的一面形成层细胞会得到更多的营养和光照，细胞分裂会更活跃，所以相比接受日照时间短的一面，圆环会更宽。

此外，年轮还能反映一段时期内的天气环境，年轮宽表示当年的气候较好，雨水充沛，阳光充足；反之，则反映了此段时期气候的恶劣。

到了秋天，为什么一些植物的叶片会变红或变黄

 现象 秋天一到，树叶逐渐变黄或变红了，被风一吹就从树上落了下来。

这个现象在北方最为普遍，像北京香山十月左右就会出现红叶，成为当地著名的自然景观，每年都会吸引众多的游客前来参观。

这是怎么回事呢？因为叶子中除了含有叶绿素，还含有叶黄素、花青素等其他色素。

进入秋季以后，天气会渐渐转凉，昼夜温差变大，这时叶片中的叶绿素会被分解，而叶黄素、花青素等色素的颜色就会显现出来。

其实这是生物

叶片变红与花青素有关，液泡中的花青素在不同的酸碱条件下表现出不同颜色。

叶片变黄，是因为叶片中叶黄素等黄色色素较多。

我们看到秋天不同的树叶有着不同的颜色，就是这些叶片中所含各种物质有所差别造成的。当然，温度、湿度、pH值等外部环境因素也会影响叶子的颜色。

课外小知识 Q

叶片的叶肉组织中，靠近上表皮的细胞排列整齐紧密（栅栏组织），靠近下表皮的细胞排列疏松（海绵组织）。栅栏组织制造的有机物相对更多，这就造成叶子正面的重量大于背面，所以叶子在落到地上时，大多会背面朝上，正面朝下。

也有一些树木的叶子常年碧绿，即使到了冬天也不会变黄，如松树和柏树。因为这些树在高海拔的寒冷环境中，叶子蜕变中成针形，叶片的面积变小，水分散失也会大幅减少。

褐色的海带煮熟后为什么会变成绿色

现象 —— 干海带明明是褐色的，可放到水里煮几分钟后，就变成了绿色。

海带是常见的海藻之一，它和紫菜、海苔、裙带菜一样，都是人们常常食用的藻类植物。

鹿角菜

马尾藻

石莼

石花菜

海带

裙带菜

紫菜

那为什么海带煮水之后会变色呢？有一种解释是因为海带体内有两种颜色的色素，一个是绿色的叶绿素，一个是黄色或褐色的胡萝卜素。叶绿素在热的环境下稳定性要高于胡萝卜素，海带在煮制过程中，胡萝卜素被破坏，绿色就显现出来了。

课外小知识 🔍

紫菜和海苔都是藻类的一种，很多人误以为海苔就是紫菜，其实它们是有差别的。海苔是紫菜的一种，名叫条斑紫菜，但它是经过烤熟并加入调味料制成，可以直接食用。而紫菜是坛紫菜，是半加工产品，需要进一步烹饪才能食用。

正因为海带等藻类中含有光合色素，所以大多数海藻都能靠海中微弱的光线进行光合作用，利用光能把无机物变成有机物，供给自己营养。但也有极少生长在深海环境中的海藻不需要光合作用，它们能从周围的海水中摄取所需的营养物质，这样就算脱离了光合作用也能生长。

为什么苔藓喜欢生长在阴暗潮湿的地方

现象 在阴湿的墙角或台阶上，常常生长着一丛丛或一片片绿茸茸的苔藓，踩上去软软的，就像踩在地毯上一样。

苔藓是一种小型的绿色植物，结构简单，具有类似茎和叶的分化，根为假根，一般只起固着作用。

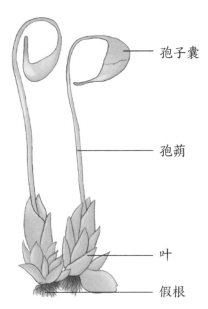

孢子囊

孢蒴

叶

假根

苔藓没有真正的根，它的吸水能力、保水能力很差，且茎和叶无输导组织，所以在进化的过程中演化成了低矮的植株，适应于生长在阴暗潮湿的环境中，因为在潮湿的环境下才能保证其不干燥，利于其生长。

有的人在爬山时走台阶，一不小心踩到一团绿色的东西滑倒了，会误以为踩到了苔藓，实际上这是一种体形细小的藻类。虽然大多数藻类生活在水中，但也有少数种类生活在潮湿的岩石、树干和地表上，它们个体小但身体表面却很黏滑，人踩在上面很容易滑倒。

而苔和藓也有区别。苔呈叶片状，多生长于阴湿的土地、岩石或树干上；藓有茎和叶，用放大镜看，像一棵微型的草，它比苔更耐寒，所以在较寒冷的森林、高山上能大片生长。

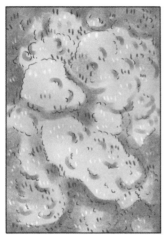

显微镜下的青苔像一片森林

在日本、芬兰等国，受地理环境的影响，庭院内的树荫下往往阳光不足，不宜栽种草坪。而苔藓植物易于管理，不需要修剪、维护和施肥，也不易发生病虫害，所以在这些国家就成了热门的园林造景用的植物。

恐龙灭绝了，为什么它的食物却活了下来

现象 —— 蕨类植物曾经是恐龙的食物，在恐龙突然灭绝后，蕨类植物却顽强地生存了下来，到现在我们还能看到蕨类植物的身影。

数亿年前，在恐龙称霸地球的时代，蕨类植物也进入鼎盛时期，成为恐龙的食物。它们和恐龙一样身形巨大，通常都有几十米高，我们现在还能从蕨类化石中一窥它们当年的雄姿。但是因为地球环境的变化，当时巨大的蕨类植物都已经变成了煤炭和化石掩埋于地下。

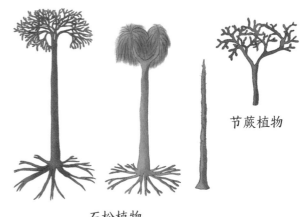

节蕨植物

石松植物

如今我们见到的蕨类植物都是不起眼的草本植物。而且随着时间的推移，蕨类植物分化成两支：一支为石松类，一支为节蕨和真蕨类。

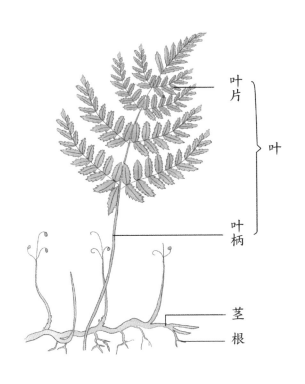

叶片

叶

叶柄

茎

根

但不管哪种蕨类植物，结构都类似，都已分化出根、茎、叶，但是没有种子，它们靠孢子繁殖。

蕨类植物的生命力非常顽强，主要分布在热带和亚热带地区，多生长在丛林中。但在高海拔的山区、水里，也能看到一些蕨类植物的身影。

蕨类植物有很多用途，如蕨菜可以食用；有的蕨类植物的根状茎含有淀粉，是酿酒和制糖的原料；还有一些蕨类植物可以入药，是珍贵的中药材。

课外小知识 Q

桫椤，又名蛇木，是目前发现的唯一的木本蕨类植物。远在1.8亿年前，桫椤就曾是地球上最常见的植物之一，是恐龙的主要食物，有"活化石"之称。但是现在它的数量非常稀少，生长又极其缓慢，被众多国家列为一级保护的濒危植物。

豆子是两瓣的，为什么玉米却不是

 找一粒玉米和一粒豆子，把它们的外皮剥开，
你会发现豆子是由两瓣组成的，而玉米却不是。

我们吃的粮食都是农民伯伯种下的一粒粒小种子长成的，其实农民伯伯种下的是种子，收获的粮食也是种子。为了更直观地了解种子，我们先看看菜豆种子的结构图。

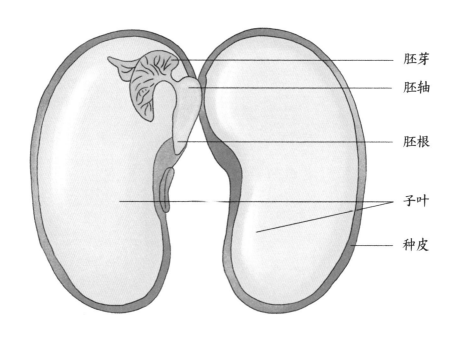

我们可以看到种子的表面有一层种皮，它能保护里面的胚。胚是植物的幼体，由胚芽、胚轴、胚根和子叶组成（有的种子还有胚乳）。其中胚芽会发育成植物的茎和叶片；胚轴会发育成茎和根的连接部分；胚根会发育成植物的根。子叶和胚乳中含有丰富的淀粉和营养物质。

像菜豆种子这样具有两片子叶的植物，就称为双子叶植物。我们再来看看玉米种子的结构图。玉米种子由种皮、子叶、胚乳、胚轴、胚芽和胚根组成。

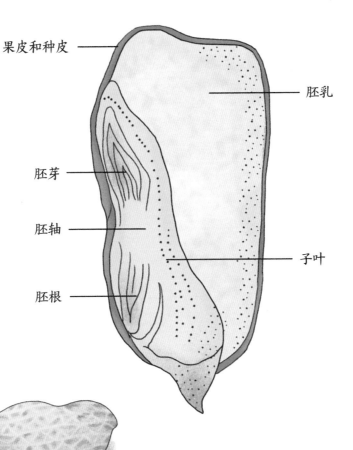

果皮和种皮

胚乳

胚芽

胚轴

子叶

胚根

像玉米种子这样具有一片子叶的植物，就称为单子叶植物。由于玉米的果皮和种皮紧贴在一起，不易分开，所以一颗完整的玉米就是一个果实。果皮就是保护种子的外壳，像花生有花生壳，大豆有豆荚，果皮可看作是种子的"盔甲"。

为什么生姜、土豆没有种子也能发芽

现象 —— 买回来的生姜、土豆放久了，就会从芽眼的地方长出很多绿芽，如果把发芽的生姜、土豆切块种到土里，就会慢慢长出茎叶来。

像生姜、土豆这种不依靠种子就能繁殖的方式称为无性繁殖。虽然姜也会开花结籽，但是它主要以根状茎繁殖为主。当根状茎发出幼芽后，幼芽的茎部就会长出许多不定根。把这些幼芽切下来，埋进土中，就能生根发芽，长出生姜来。

土豆和生姜一样，也能靠块茎进行无性繁殖。仔细观察会发现土豆的外皮上分布着许多大小不一的小坑，这些小坑叫做芽眼。当环境适合的时候，芽眼就会萌发出嫩芽来，把土豆切成块，带着嫩芽种进泥土中，就能长出土豆来。

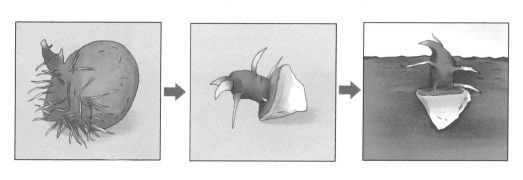

课外小知识 Q

土豆发芽后千万不要再食用，因为芽眼的位置会产生一种毒素——龙葵碱，这是一种有机毒素，人吃了会导致食物中毒。

另外，我们熟悉的红薯也可以用块根进行繁殖。农民在种红薯时，选择块大的红薯一切两半放在水盆里，等薯块长出根和幼芽后栽种到疏松肥沃的泥土中就可以了。

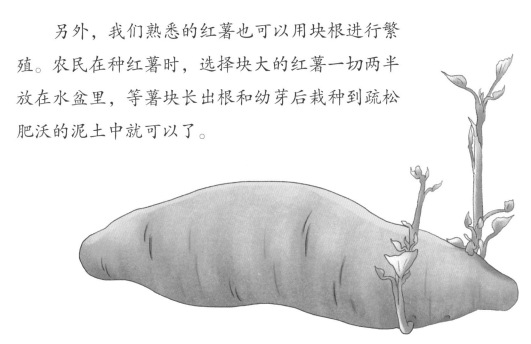

为什么春天是播种的季节

（现象）"清明前后，种瓜点豆"，这是流传在百姓中的一个农业生产谚语。在我国北方地区，一到清明前后，农民就开始忙着播种农作物了，这是为什么呢？

春播夏长、秋收冬藏，这是我国延续了几千年的农业生产模式。

立春时节，种子生长必备的条件逐渐成熟。

第一，立春后，光照时间开始延长、温度升高、雨水增多，这是种子发芽生长的必备因素。因此，立春，也就是清明前后，是播种的最佳时机。

第二是水分。种子吸收水分后种皮就会膨胀、软化。

第三是空气。种皮软化后，氧气透过种皮进入种子内部，进入细胞，参与有氧呼吸，为一系列生命活动提供能量。

第四是温度。在适宜的温度条件下，种子内部的营养物质才能被快速地分解，为种子的萌发提供物质和能量。

第五是土壤。种子中的胚根先冲破种皮，发育成根，根尖有十分丰富的根毛。土壤里各种营养物质能被根毛吸收，利于其生长。

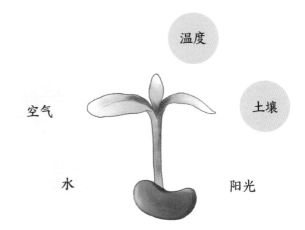

然而，随着生产技术的进步，现代化的农业可以靠人工为种子生长创造条件。比如在塑料大棚内，人们可以人为地调节温度、湿度等，为种子的萌发创造最佳的环境条件，现在我们吃到的很多反季节蔬菜就是这样来的。

为什么植物的根总是向下生长，茎却向上生长

现象 你们一定发现一个有趣的现象，生长在泥土中的植物，根是一直朝地下生长的，而植物的茎却是不断朝上生长，是什么原因让它们向两个相反的方向生长呢？

一般有根、茎、叶分化的植物，我们称之为高等植物。高等植物虽然不像动物一样会自由活动，但它们的器官在生长环境中，能根据不同的条件产生位置移动，这种奥妙的移动我们称之为"植物的运动"。有了这个概念就能解释上述疑问。种子种在土壤中之后，它的根系会朝着地下生长，这种特性叫"向地性"。同时，根系还具有向水、向肥的生长习性。

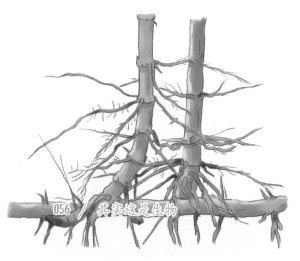

也有一些植物的根并不完全向下生长，比如竹子的根就是横向生长，甚至一整片的竹林都依靠一个根系存活。

为什么植物的茎向上生长？

植物的茎向上生长利于它获得充足的阳光，这种朝着阳光的方向生长的特性叫作"向光性"，植物的根部吸收水分和无机盐，然后将其向上输送到茎和叶，植物体有了足够的营养，就会促使植物细胞分裂生长。而叶通过光合作用制造的有机物也会通过茎向下运输到根。

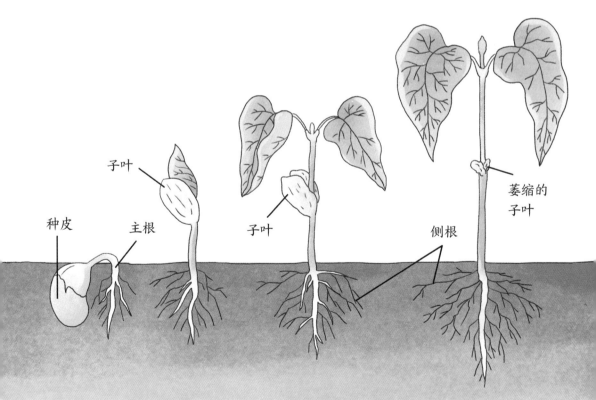

种皮　　主根　　　　子叶　　　子叶　　　　侧根　　　萎缩的子叶

为什么没有土壤，植物也能生长

现象 在我们的印象中，植物生长离不开土壤，可生活中也有一些植物能在水中生长，像水培的观音竹、绿萝等观赏植物。

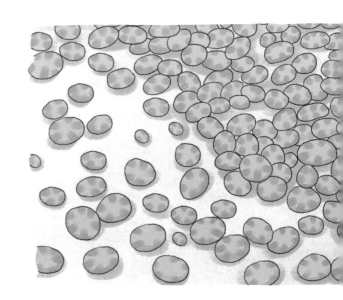

植物生长在土壤中，土壤能满足植物对水、无机盐、空气和热量的要求，这些统称为土壤的肥力。因为植物的根系主要靠和土壤接触而吸收营养，所以土壤的肥力对植物的生长起到关键性的作用。

然而我们知道许多浮水植物，如浮萍、黄花蔆就不需要土壤，仅在水中也能很好地生长，这是因为水能为它们提供必需的营养成分。

随着农业技术的不断进步，人们开始尝试无土栽培，是种植农作物时改土为水、草炭或蛭石等介质，为植物的根系提供营养液使植物生长的一种栽培技术。这种栽培技术只要有水源，就能栽种农作物，而且栽培用的营养液成分可以根据植物的不同进行调整，更加利于植物的生长。

课外小知识 🔍

　　土壤在不同的地方有不同的颜色，这是因为不同地区的土壤含有不同的物质，所以也就呈现出不同的颜色。比如，东北地区肥沃的黑土含有十分丰富的有机物，南方种茶用的是红色的酸性土壤，陕北地区的黄土高原是黄色的土壤，有较多的含铁化合物。

为什么植物会开花

现象 春天到了，公园里随处可见五颜六色、香味扑鼻的鲜花，为什么植物会开花呢？

花是植物的生殖器官。大多数植物的花由花柄、花托、萼片、花瓣、雄蕊和雌蕊六部分组成。花的主要结构是雄蕊和雌蕊，雄蕊花药里有花粉，雌蕊下部的子房里有胚珠。

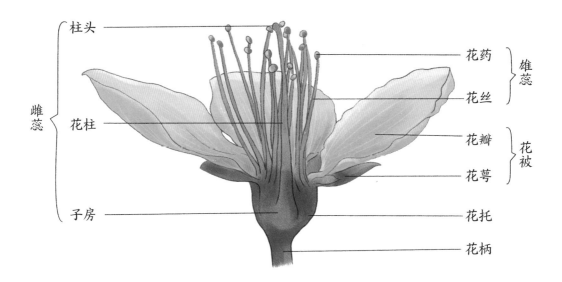

植物有两种传粉方式，分别是自花传粉和异花传粉。自花传粉就是雄蕊的花粉落到同一朵花的柱头上；异花传粉就是一朵花的花粉通过昆虫、风等媒介落到另一朵花的柱头上。花粉落到柱头上以后，柱头在刺激下长出花粉管。花粉管穿过花柱进入子房，一直到达胚珠。胚珠里的卵细胞与来自花粉管中的精子结合，形成受精卵。植物受精完成后，往往能结出果实和种子。

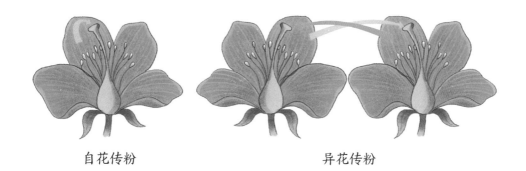

自花传粉　　　　　　　　异花传粉

课外小知识 🔍

　　植物为什么能开出不同颜色的花来呢？主要因为花瓣中含有很多色素，色素的不同，造就了不同颜色的花。另外，液泡内细胞液的酸碱度也能调节花瓣的颜色。

蒲公英为什么会飞

 很多小朋友都玩过蒲公英，成熟后的蒲公英会长出绒球，用力一吹，绒毛就会顺风飞扬。

　　蒲公英之所以能大范围地进行繁殖，主要靠的就是它能够飞得很远的种子。大部分的蒲公英种子会在原本植株几米范围内生根发芽，但遇到大风天气，一部分种子会飞出很远。

有些种子的传播方式很特殊。苍耳的种子上长满了钩刺，当种子成熟后，如果有动物碰触到它，它就会挂在动物的皮毛上。动物走到哪儿，种子就会跟到哪儿，直到种子掉在地上，遇到合适的土壤它就会生根发芽。

在美国西部有一种叫"风滚草"的植物，它成熟后遇到大风就会被连根拔起，风把它卷成球状在地面上滚动。在滚动过程中如果遇到障碍物，就会撒落一些种子，就这样，它一路滚动，一路播种。

课外小知识 Q

种子传播出去以后，并不会马上发芽，因为成熟的种子大都有一段休眠期，时间从几周到几年不等，这是植物长期适应环境的结果。

为什么向日葵的花盘会向着太阳的方向旋转

现象 在农田里，向日葵结出大花盘的时候，花盘总是朝着太阳的方向旋转，十分有趣。为什么向日葵的花盘总是朝向太阳的方向？

向日葵花盘的运动分为三个阶段：①从日出到日落，花盘由东向西随太阳转动，花盘的转动较太阳滞后约48分钟。②从日落到晚上10点，花盘缓慢达到竖直状态。③凌晨3点后花盘缓慢转向东方，等待太阳升起。

这是由向日葵自身的结构决定的。它的花盘连接着茎，茎中含有一种叫作植物生长素的物质，它可促进细胞生长，从而加速向日葵长高长壮。但是这种生长素有一个特点，就是"怕光"，太阳升起，阳光照射后，向日葵花盘下茎中背光一侧生长素含量多于向光一侧，从而使得背光侧长得更快，因此向日葵花盘往向光一侧弯曲，这就是为什么花盘向着太阳转，这种现象称为植物的向光性。

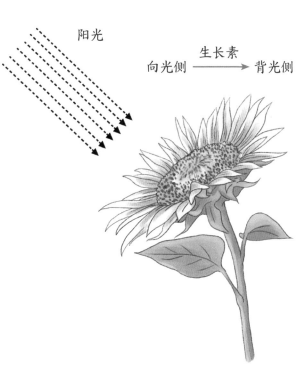

大多数植物都有向光性，可使植物的茎、叶处于最适宜利用光能的位置，有利于接受充足的阳光而进行光合作用，向日葵也不例外。

课外小知识 🔍

向日葵的原产地是北美洲，在明朝中期，经过欧洲传入中国。

为什么冷藏的水果、蔬菜保鲜时间长

现象 ———— 妈妈买回来的蔬菜、水果经常放入冰箱的冷藏区进行冷藏，几天后蔬菜、水果依然新鲜，这是为什么呢？

我们知道植物也会进行气体交换，同人和动物一样，吸入氧气，呼出二氧化碳。发生在动物身上，我们称为呼吸运动。

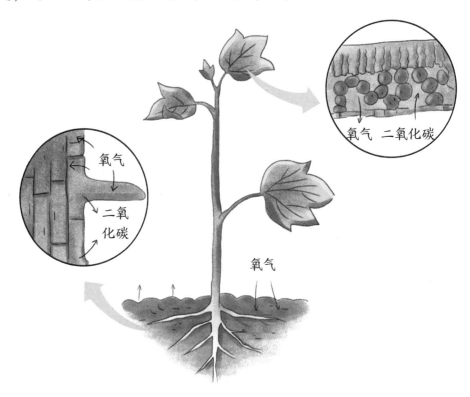

氧气　二氧化碳

氧气

二氧化碳

氧气

进入生物体的氧发生了什么变化呢？细胞利用氧将有机物分解，产生二氧化碳和水，并释放能量，这个过程叫作呼吸作用。水果、蔬菜被摘下来以后，呼吸作用并没有停止。

呼吸作用的发生需要酶的催化，而酶的活性受温度的影响。在一定范围内，温度降低，酶的活性也变小，水果和蔬菜呼吸作用的强度降低，这样就能减少呼吸作用，从而减少有机物的消耗，水果蔬菜能保持原有成分，进而延长保鲜时间。

现在水果和蔬菜等农产品，在生产、运输、销售及储存过程中，都需要用到冷藏技术。但是在取出储存在冷库中的水果和蔬菜之前，要调节冷库的温度，让水果和蔬菜逐渐适应库外的温度，这样会延长水果和蔬菜的保鲜时间。

课外小知识

一些加工后的食物放在冰箱里能够保存较长时间，是因为冰箱里的低温环境可以抑制微生物的生长和繁殖，因此食物不会很快变质，不过剩下的食物还是不宜久存，须尽快吃完。

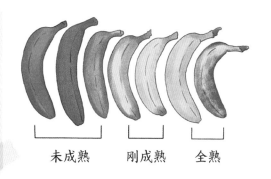

未成熟　　刚成熟　　全熟

并不是所有的水果和蔬菜都适合冷藏。比如香蕉，我们买来时不是全熟的状态，需要放置一段时间自然催熟。如果放进冰箱，低温会抑制香蕉变熟，且香蕉皮会变成暗灰色，果肉变硬，所以香蕉不适于低温保存。

为什么大树底下好乘凉

现象 每到夏天，枝繁叶茂的大树下总会聚集很多人，有的下棋，有的玩吊床，那么大树底下为什么好乘凉呢？

"大树底下好乘凉"是一句我们经常听到的俗语，夏天在大树底下能感觉凉快，主要是因为大树的蒸腾作用。

水分从活的植物体表面以水蒸气的形式散发到大气中去，这一过程叫作植物的蒸腾作用。蒸腾作用主要通过叶片进行，如果撕取菠菜叶下表皮，制成临时装片，放到显微镜下观察，你会看到许多气孔，神奇的是，这些气孔可以张开、闭合。蒸腾作用的强弱主要由叶片上气孔的张开程度来调节。

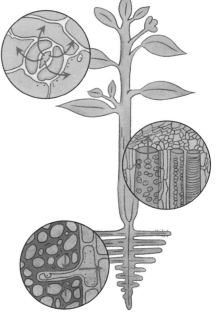

植物的蒸腾作用

炎热的夏天里，在植物蒸腾作用过程中，水蒸发汽化的同时带走热量，降低了叶片表面的温度，避免植物因高温而被灼伤。水蒸气进入大气中，使周边的空气保持湿润，气温也得以降低。大树植株高大，茂密的树冠能遮挡一部分阳光，能让我们避开阳光直射。夏天大树下湿度相对较高，温度相对较低，所以我们在大树下才会感觉很凉爽。

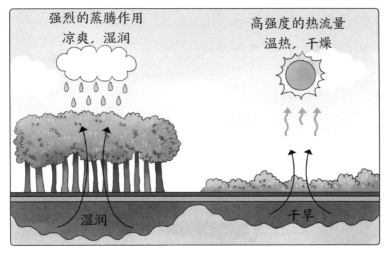

除了降低叶片的温度，蒸腾作用还可以促进根不断从土壤中吸收水分，并拉动水和无机盐向上运输。此外，植物的蒸腾作用通过提高大气湿度，增加降水，从而促进生物圈的水循环。

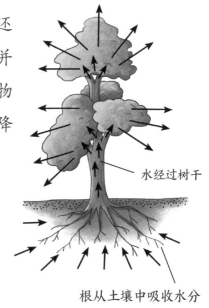

课外小知识 🔍

　　如果找一种最适合乘凉的树荫的话，榕树底下无疑最适合，因为榕树的树冠特别大。

有趣的动物现象

为什么海蜇会蜇人

现象 有的人在海里游泳时会不小心被海蜇蜇到，轻者身体局部瘙痒，重者会出现头晕、乏力、呼吸困难等不同程度的身体反应，需要到医院治疗。

海蜇没有骨骼，像一个个降落伞一样在海水中漂浮，它们喜欢在浅海区活动。

海蜇属于腔肠动物，仅有口，没有肛门。海蜇的口腕下方长着许多长长的棒状和丝状触须，触须上又分布着许许多多的刺丝囊，刺丝囊里长着更为细小的刺丝。当有猎物从它身体下边经过并碰到它的触须时，刺针就会刺入猎物的身体。同时，刺丝囊中会放出含有腐蚀性的毒液，麻醉猎物。

伞体
生殖腺
胃柱
内伞
（内有发达的环肌）
肩板
口腕
棒状附属器

如果我们不幸被海蜇蜇伤，要立即脱离蜇伤的环境，用海水冲洗伤处，然后用镊子等工具去除残留在皮肤中的刺丝囊，严重的要及时去医院治疗。

海蜇虽然会伤人，但它却是深受消费者喜爱的一种海产品。海蜇的伞盖部分就是俗称的"海蜇皮"，口腕部分就是俗称的"海蜇头"。用海蜇来做凉拌菜，色泽晶莹、口感爽脆、营养丰富，是一种经济实惠的海产品。

课外小知识 Q

海里有些水母是名副其实的"毒王"，比如生活在澳大利亚的箱形水母，它的触须长达8米，它的毒性甚至比眼镜蛇还要大，人被它蜇到的话几分钟后就会死亡，连抢救的时间都没有。还有一种外形奇特的僧帽水母，它的毒性仅次于箱形水母，人被蜇后也会有生命危险。

粪便里为什么会有长长的虫子

现象 ———— 有的人会突然感到肚子痛，拉的粪便里还能看到长长的白色虫子。

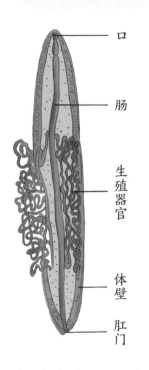

口

肠

生殖器官

体壁

肛门

这种虫子叫蛔虫，是寄生在人体小肠中的一种肠道寄生虫，当它在肠道内活动时，会碰触到肠道神经，所以人就会感到疼痛。蛔虫的身体呈圆柱状，有口和肛门，体表有一层起保护作用的角质层。蛔虫的消化器官简单，只有一根纵贯全身的肠道，可消化吃进去的食糜。

蛔虫是怎么进入人体的呢？因为蛔虫的生殖系统发达，生殖能力强，雌雄蛔虫在人体小肠内完成交配后，会产下大量的受精卵，这些虫卵会随着粪便排出体外。受精卵在适宜的环境发育成幼虫，幼虫蜕皮一次成为感染性虫卵，如果人摄入了沾染感染性虫卵的水或食物后，虫卵就会进入人的体内。

虫卵在人的小肠里发育为成虫，成虫在人体内到处钻窜，所以会对人体器官造成损害，严重的甚至会危及生命。所以，一定要养成勤洗手的好习惯，特别是在便后一定要记得洗手，不喝生水，蔬菜、水果要洗干净，这样才能避免患上蛔虫病。

课外小知识 🔍

蛔虫是雌雄异体，在外观上可以分辨。雌蛔虫的个体较雄蛔虫更为粗大，而雄蛔虫个体较小，后端向腹面弯曲。

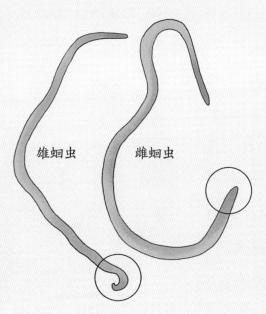

雄蛔虫　　雌蛔虫

蚯蚓为什么在粗糙的表面爬得快

 现象 蚯蚓在泥土中钻得比较快，可如果把它们放到玻璃板上，就几乎不能动了。

蚯蚓的身体上有一圈一圈的环形体节，所以它属于环节动物。

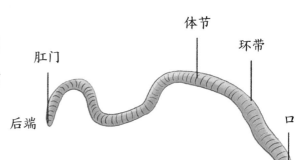

那为什么蚯蚓没有脚，却在泥土中钻得比较快呢？原来蚯蚓是依靠肌肉的收缩和舒张，以及刚毛的辅助来运动的。蚯蚓除了第一节和最后一节，其余的各节都长有刚毛。这些刚毛就相当于蚯蚓的脚。蚯蚓爬行时，前端的环肌收缩，身体伸长变细，推动身体前端向前，前端的刚毛插入土壤中锚定，然后环肌舒张，纵肌收缩，前端缩短变粗，拉动后端向前。在粗糙的泥土表面，蚯蚓的刚毛更容易固定，所以才能在粗糙的表面爬得快。而玻璃表面非常光滑，刚毛无法固定，所以就爬不动了。

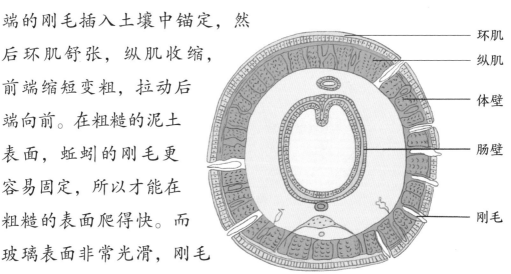

蚯蚓在土壤里活动，能使土壤疏松，让更多的空气和水分进入土壤，利于植物生长。同时，蚯蚓以土壤中的有机物为食，有机物被消化后变成粪便排出体外，粪便中含有丰富的氮、磷、钾等养分，能提高土壤肥力。蚯蚓没有专门的呼吸器官，只能依靠湿润的体壁进行气体交换。土壤越疏松，蚯蚓越能更好地在土壤中呼吸。然而下雨后，土壤中的细小缝隙会灌满水，这会造成蚯蚓呼吸困难，所以雨后会看到大量的蚯蚓爬到地面上来。

课外小知识 🔍

　　在稻田、沟渠和池塘里也生活着一种环节动物——水蛭，它们不仅爬行速度快，而且能在水里游泳。水蛭喜好吸人畜的血液，是一种害虫，不过它的药用价值很高。

蜗牛为什么在下雨后才出来

在夏天的雨后，常常能看到许多小蜗牛慢慢地爬到墙壁、树木或草叶上。

为什么雨后更容易看到蜗牛呢？

这是因为蜗牛是一种软体动物，它的身体表面覆盖着一层黏液，只有在潮湿、阴暗的环境中才能生存。夏天天气炎热、阳光强烈，如果这时候蜗牛出来，就会散失大量水分，随时有死亡的危险。所以这时候的蜗牛都会躲在阴暗潮湿的墙缝里、树叶下和草丛里，并会把身体缩进壳里，用足内腺体分泌的黏液将壳口封住，睡起了大觉。

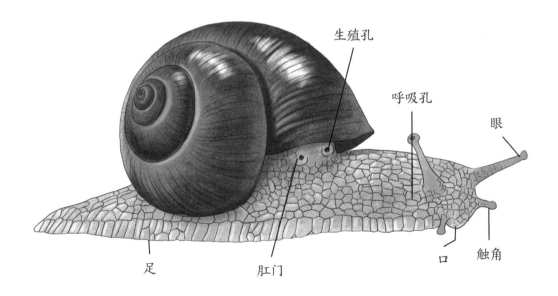

足　　　　肛门　　　　生殖孔　　　呼吸孔　　眼　　口　　触角

蜗牛是通过呼吸孔进行气体交换的，下雨后易产生积水，蜗牛无法呼吸，而外面潮湿，蜗牛纷纷爬出。这就是夏天的雨后我们能看到大量蜗牛出现的原因。

其他软体动物同蜗牛一样，也都拥有柔软的身体和坚硬的壳。蛞蝓却是个例外，它又叫"鼻涕虫"，和蜗牛是近亲，没有壳，全身裸露着。蛞蝓身体含水量很高，如果往它身上撒点盐，它会因过度失水而死亡，看上去就像"融化"了一样。

课外小知识 Q

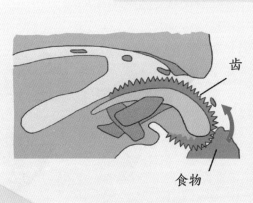

齿

食物

你知道吗？蜗牛是世界上牙齿最多的动物，有26000多颗牙齿，而且这些牙齿都是长在舌头上，使得蜗牛的舌头表面就像锯齿一样，科学家们称之为"齿舌"。蜗牛在吃植物叶子的时候就是用这个带状的锯齿舌头把食物碾碎，再送到肚子里，所以蜗牛牙齿虽多，却不会咀嚼食物。

蝉为什么要脱壳

现象 夏天到了，窗外又传来一阵阵蝉（知了）的叫声。有个成语叫"金蝉脱壳"，那么，蝉为什么要脱壳呢？

蝉幼虫在地底黑暗的环境中长大，短的 3 年，长的 17 年才会从地下钻出来。在地下生活的这段时间，它要经历 4 次蜕皮。

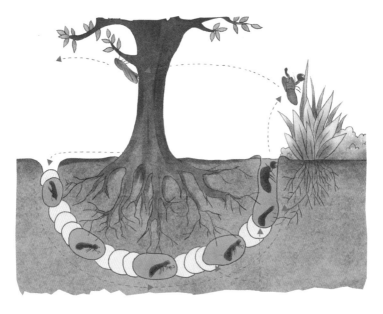

蝉发育成熟了，就会从地下钻出来，选择就近的一棵树爬上去，然后用尖锐的指尖抓牢树干开始"脱壳"。

脱壳时头部会裂个小口子，接着裂口越来越大，一直延伸到背部。随后，蝉的身体从裂口中缓慢地爬出来。

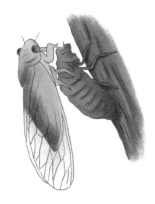

蝉爬出来后，还很柔软，身体呈青绿色。一小时后，蝉的身体就会变成黑色，翅膀也已变硬，能自由飞翔了。

蝉为什么要脱壳呢？因为蝉和大多数昆虫一样，都没有骨骼系统，支撑它们身体的是外壳，所以这层外壳也叫外骨骼。这层外壳是有硬度的，不会随着蝉的身体长大而长大，因此蝉长到一定程度后，就要脱掉外壳，这就是"金蝉脱壳"。

老熟成虫

成虫

卵

若虫

课外小知识 Q

　　除了节肢动物外，爬行动物中的蛇和蜥蜴一生也要经历多次蜕皮。和节肢动物不同，爬行动物有骨骼，但是它们的外皮不会跟着身体一起生长。也就是说它们的身体每长大一些，就要经历一次蜕皮，它们的蜕皮次数比节肢动物还要多。

蜻蜓点水是在做什么

现象 夏天的池塘边，总能看到一些蜻蜓在水面上灵巧地飞舞，有时它们还会用自己的身体触碰几下水面，让水面荡起一圈圈涟漪。

你可不要误以为蜻蜓是在调皮，它其实是在水里产卵呢。蜻蜓通常喜欢在小河、池塘里的水草上产卵，当它产卵的时候，尾部会碰触到水面，这是蜻蜓的产卵方式之一。

蜻蜓的卵孵化后并不能马上变成小蜻蜓，而是孵化出一种叫"水虿"的幼虫。水虿可在水里爬行，少则 2~3 个月，多则 7~8 年，才能羽化成蜻蜓。

成虫

卵

稚虫

在动物界，这几种动物的繁殖方式比蜻蜓还要特别。

海龟：通常在岸上产卵，先在沙滩上刨一个深坑，把卵产进去，再用沙子把坑埋上。小海龟孵化后，会自己从沙坑里爬出来，爬回大海。

黄头后颌鱼：雌鱼和雄鱼分别产下卵细胞和精子，待它们受精后，雄鱼会把卵（受精卵）全含在嘴里，然后把身体半埋在海底的沙子中，不时地把鱼卵吐出来翻动，以确保鱼卵都能吸收到氧气。小鱼孵化出来后，就会从雄鱼嘴里游出来。

海马：雄海马的腹部下端有个育儿囊，雌海马会先把卵送入雄海马的育儿囊中，这时雄海马会排出精液，在囊中形成受精卵。等到临产时，雄海马会张开腹部的小孔，将小海马从腹中挤出来。

课外小知识 🔍

不是所有的卵都是受精卵。比如蜜蜂的蜂王产下的卵中就有受精卵和未受精的卵，受精卵会发育成蜂王和工蜂，而未受精的卵则会发育成雄蜂。

螳螂：雌螳螂在交配时会吃掉雄螳螂，有人认为螳螂的头部有神经系统抑制中心，把脑袋吃掉有利于雄螳螂完成交配。此外，吃掉雄螳螂还能供给雌螳螂营养，从而让受精卵获得充足的营养物质。

蜜蜂、蝴蝶为什么总在花丛中飞来飞去

现象 春天到了，鲜花开始绽放，蜜蜂和蝴蝶在花丛中飞舞，忙忙碌碌的。

蜜蜂和蝴蝶都是以花蜜为食，在采集花蜜的同时也帮植物传播了花粉。我们把动物寻找食物的行为称为觅食行为。

课外小知识 🔍

蜜蜂并不是单调地飞舞的，它们会靠"舞姿"来告诉同伴蜜源的远近。蜜蜂常会跳一种"8"字舞，这里面就包含了蜜源的距离、方向和数量等信息。比如蜜源在100米以内，蜜蜂转身9~10圈；500米左右，转身7圈；超过1000米时，转身4~5圈；超过6000米，转身两圈。

在动物界中，不同的动物有不同的觅食方式，比如猎豹是单独捕食。它先借着草的掩护，静悄悄地靠近猎物，然后发动突然袭击，冲向猎物。

而狼是群居动物，在捕猎时整个族群会全体出动，被狼盯上的猎物很难逃脱。

鲸头鹳捕食时，会站在河里一动不动，把张开的大嘴探进水里，等鱼儿放松警惕游到它张开的嘴里时，它就会迅速合上嘴巴，吞下猎物。

食蚁兽的舌头能伸出口外 50 厘米，一分钟能伸缩 150 次，舌头上遍布小刺和黏液，所以它能伸进蚂蚁窝中捕食蚂蚁。

鮟鱇鱼的头部有一个肉状突出，在深海黑暗的环境里会发光，吸引猎物游过来，然后将猎物吞入腹中。

为什么到了冬天，有些动物要冬眠

 现象 在冬天来临之前，有些动物就躲进树洞或地下洞穴里睡大觉去了，春暖花开的时候再醒来活动。

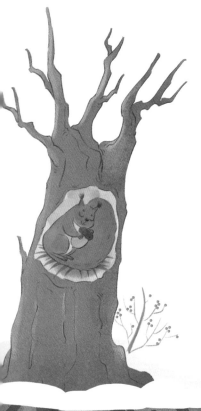

冬眠，也叫"冬蛰"。冬季天气寒冷，导致很多食物相对短缺，一些动物为了抵御寒冷、克服没有足够食物的困难，在长期的进化过程中就出现了冬眠的现象。

在冬眠前，动物们都必须提前做好准备，在体内储备足够的营养，排掉体内多余的水分，还要选择保温并隐蔽的地方。它们蜷起身子，静止不动，处于

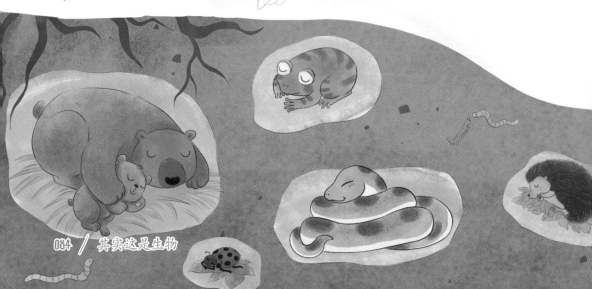

麻痹或昏睡状态，生命活动很弱。春季，气温升高，冬眠动物的体温、呼吸、心跳等都会慢慢回到正常状态。所以说，冬眠中的动物是利用生理变化来封存生命，以抵御恶劣气候的影响。

　　当然，还有一些动物不冬眠，但也有自己的过冬方式，比如猫、狗等动物会在冬天换上一身厚厚的毛，到了春天再换上一身稀疏的毛；燕子、大雁等候鸟在秋天时会从北方飞到南方过冬，春天再飞回来。

为什么蚂蚁总是成群结队的

 现象 ——————蚂蚁喜欢成群结队地活动，特别是在搬运大一些的食物的时候，这是为什么呢？

　　蚂蚁是群居动物，大多数蚂蚁生活在地下的蚁穴里，蚂蚁王国里分工明确，就像人类社会一样，各司其职。蚂蚁主要分为蚁后、雄蚁、工蚁和兵蚁。蚁后和雄蚁负责生殖和繁衍工作，其中蚁后还负责管理蚁群；工蚁主要负责寻找食物和蚁穴的建设等工作；兵蚁负责警卫和保护蚁巢的工作。

站岗的兵蚁

工蚁搬运粮食

幼虫的穴室，
工蚁照顾幼虫

照顾蚁蛹的工蚁

雄蚁的穴室

看护卵的工蚁

蚁后的穴室

其实这是生物

蜜蜂也是有明确分工的昆虫。蜂王负责产卵和维持蜂群秩序；雄蜂负责与蜂王交配，繁衍后代；工蜂负责除繁殖以外的一切劳动。

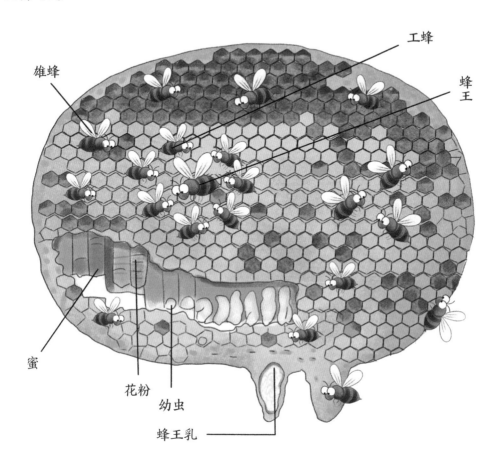

雄蜂

工蜂

蜂王

蜜

花粉

幼虫

蜂王乳

蚂蚁王国的成员之间分工明确，共同维持群体生活，有的群体中还存在等级现象，这是动物的社会行为。动物的社会行为对动物的生存和繁衍有着重要意义。

萤火虫为什么能发光

现象 你有没有抓萤火虫的经历？一只只萤火虫发出不同颜色的光，就像一颗颗小星星，真美啊！

不同种类的萤火虫发光的颜色、亮度也不同，但发光的主要目的有以下几个：

求偶：萤火虫发光后，雄雌之间会互相吸引并追逐，这是求爱的一种信号。

诱捕：多数萤火虫是肉食性动物，它喜爱捕食蜗牛、蛞蝓等软体动物和蚯蚓等环节动物。昆虫学家发现萤火虫发出的光具有引诱猎物的作用。

雄性　　　　雌性

报信：萤火虫是一种懂得共享的昆虫，它在捕到食物后，会通过发出的光通知其他萤火虫来共享美食。

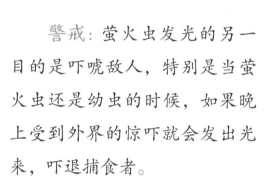

警戒：萤火虫发光的另一目的是吓唬敌人，特别是当萤火虫还是幼虫的时候，如果晚上受到外界的惊吓就会发出光来，吓退捕食者。

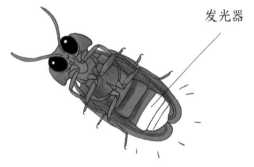

发光器

萤火虫发出的光不会"烫"到自己吗？不用担心，萤火虫发出的光是一种冷光，不会发热。仔细观察你会发现，萤火虫的发光部位在腹部的末端，这段身体里带有会发光的细胞，发光细胞含有荧光素和荧光素酶两种物质，在荧光素酶的催化作用下，荧光素与氧气反应，形成氧化荧光素并发出荧光。

课外小知识 🔍

光是萤火虫的语言，而在动物界中，动物传递信息的方式还有很多种，比如蝙蝠能靠发出的超声波来进行信息传递；蚂蚁通过触角的触碰传递信息；猴子通过叫声来交流信息；蜜蜂则可通过不同的舞蹈动作来传递不同的信息等。

鱼为什么能在水里游

鱼是生活在水里的常见动物，江河湖海里都能找到鱼的身影，有的家庭还会在鱼缸里养上几条观赏鱼，它们那摇曳的身姿让人赏心悦目。

当看到鱼缸中颜色绚丽的鱼游来游去的时候，你有没有产生这样的疑问，为什么鱼能在水里游？要解开这个谜团，就要从鱼的特殊构造说起。鱼不像人类一样用肺呼吸，但它有特殊的呼吸器官——鳃。鳃由鳃丝、鳃耙和鳃弓组成，鳃丝里密布毛细血管，所以，鳃是红色的。当水从鱼嘴中进入后流经鱼鳃时，水中的氧渗入鳃丝中的毛细血管，而血液里的二氧化碳从毛细血管渗出进入水中，鱼就会获得氧气并排出二氧化碳。

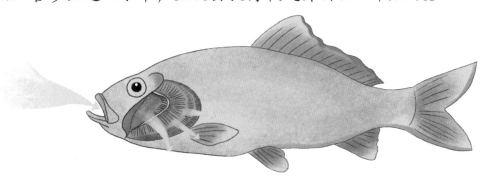

鱼在水里游动的时候非常灵活，我们用手去抓它，它哧溜一下就游走了。之所以鱼能游得这么灵活，是因为它身上长着一套游动"工具"——鳍，鳍包括胸鳍、腹鳍、背鳍、臀鳍和尾鳍，这些鳍各有分工。

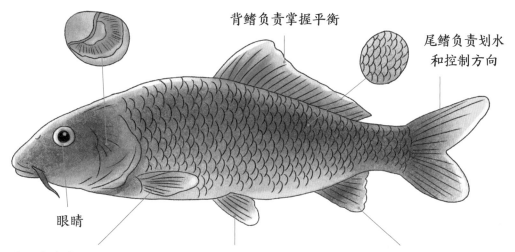

背鳍负责掌握平衡

尾鳍负责划水
和控制方向

眼睛

胸鳍负责掌握平衡及转换方向　　腹鳍协助背鳍维持平衡　　臀鳍负责维持平衡

　　鱼能游泳还有一个秘密，就是鱼的肚子里还有一种叫鱼鳔的器官，它是鱼在游泳时控制深浅的调节器。鱼鳔里充满空气，它能通过充气和放气来调节鱼体的密度。它就像鱼身体里的"救生圈"，有了它的帮助，鱼只要划动鱼鳍，就可在一定的水层中保持稳定。

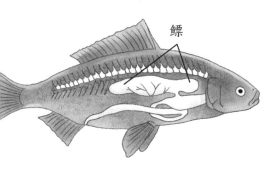

鳔

　　此外，鱼的身体呈流线型，鱼鳞表面能分泌一层黏液，这些因素都能让鱼在游泳时减少阻力。

课外小知识 Q

　　鲸鱼是地球上最大的哺乳动物，它的名字中虽然有"鱼"，但它不是真正的鱼。鲸鱼用肺呼吸，用鼻子吸气呼气，它的鼻子从脸部延伸到了头顶。鲸鱼每次换气会浮出水面，呼吸后能在水下潜很长时间，比如抹香鲸一次换气可以在水下潜2小时，这是其他任何哺乳动物都做不到的。

小蝌蚪是怎么变成青蛙的

现象　夏天的傍晚，池塘里，小河边，总会传出一阵阵"呱呱"声。对了，这是青蛙在叫。青蛙是一种有趣的动物，青蛙宝宝和青蛙妈妈长得完全不一样，所以才有了《小蝌蚪找妈妈》的故事。

那为什么青蛙宝宝和青蛙妈妈长得不一样呢？我们要从青蛙卵说起。

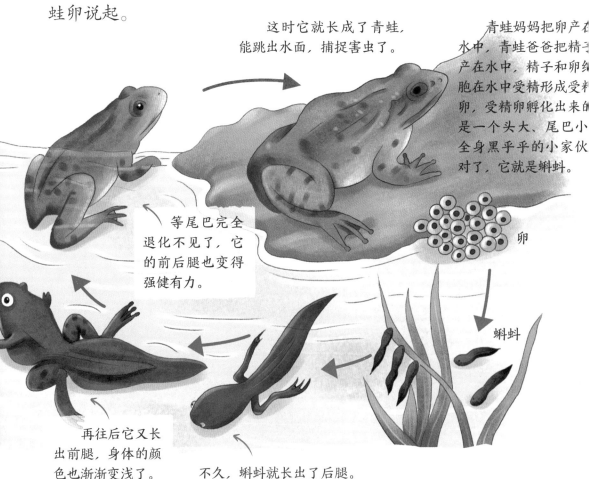

这时它就长成了青蛙，能跳出水面，捕捉害虫了。

青蛙妈妈把卵产在水中，青蛙爸爸把精子产在水中，精子和卵细胞在水中受精形成受精卵，受精卵孵化出来的是一个头大、尾巴小全身黑乎乎的小家伙对了，它就是蝌蚪。

等尾巴完全退化不见了，它的前后腿也变得强健有力。

卵

蝌蚪

再往后它又长出前腿，身体的颜色也渐渐变浅了。

不久，蝌蚪就长出了后腿。

蝌蚪长成青蛙，身体经过了几次大的改变，幼体与成体的形态结构和生活习性差异很大，这种发育称为变态发育。

青蛙作为一种两栖动物，最大的特点是既能在陆地上生活，也能在水里生活。青蛙常常潜伏在草丛里，当有昆虫从青蛙身边飞过时，青蛙就会张开大嘴，伸出长长的有黏性的舌头，眨眼间将猎物吞进腹中。

因为肺不发达，青蛙还需要皮肤来辅助呼吸，皮肤裸露，里面密布毛细血管，需要保持湿润，利于进行气体交换，所以青蛙不能离开水太久。

课外小知识 🔍

青蛙给人一种人畜无害的感觉，但世界上有很多青蛙是有毒的。比如在中美洲有一种草莓箭毒蛙，它有着全球最美青蛙的美誉，但同时它也是世界上毒性最大的青蛙。据说一只草莓箭毒蛙身体里的毒素可以杀死 2 万只老鼠，这种杀伤力实在令人恐惧。

因为青蛙的皮肤裸露，不能有效防止水分蒸发，因此青蛙大多数时间会浸泡在水里，只把脑袋露出来。

蛇为什么弯弯曲曲地爬行

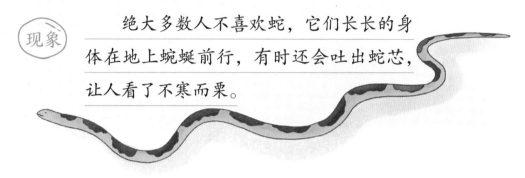

现象

绝大多数人不喜欢蛇，它们长长的身体在地上蜿蜒前行，有时还会吐出蛇芯，让人看了不寒而栗。

蛇没有脚，它是怎么爬行的呢？

蛇的祖先是有四肢的，只是在不断地进化中，四肢已经完全消失，它们用腹部的鳞片在地上"滑行"。

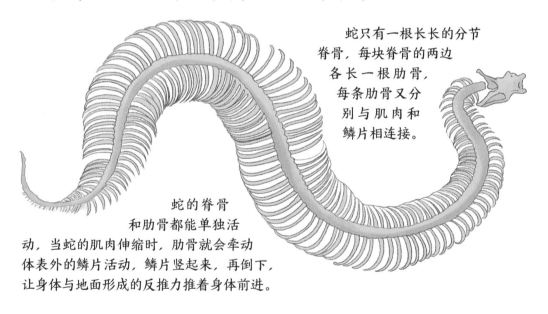

蛇只有一根长长的分节脊骨，每块脊骨的两边各长一根肋骨，每条肋骨又分别与肌肉和鳞片相连接。

蛇的脊骨和肋骨都能单独活动，当蛇的肌肉伸缩时，肋骨就会牵动体表外的鳞片活动，鳞片竖起来，再倒下，让身体与地面形成的反推力推着身体前进。

蛇在前进时不是走直线，而是身体弯弯曲曲产生几个弓形。这是蛇的聪明之处，因为采用这种方式不仅可以让身体有更多的面积参与到爬行中，还能让弯曲部位的力作用在地面上，从而产生更大的反作用力来推动蛇的身体前行。

蛇主要的爬行方式有蛇腹式爬行、蜿蜒式爬行、侧向移动爬行和蠕动爬行。

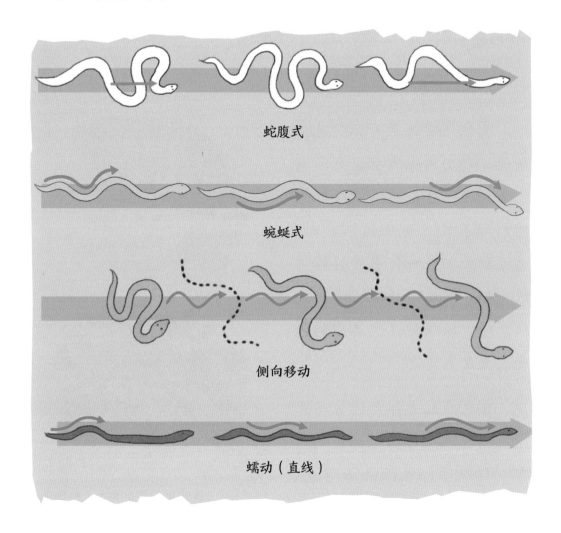

蛇腹式

蜿蜒式

侧向移动

蠕动（直线）

课外小知识 🔍

　　蛇的视力不好，耳朵结构也简单，那它是如何感知外部环境的呢？原来蛇是靠着腹部的振动来感知外部环境的，它在运动时不时地吐出舌头，用舌头捕捉到空气中扩散的分子，从而准确地判断周围物体的位置。

现象 变色龙在绿色枝叶间时，皮肤是绿色的。可当它到了红色的花丛中时，皮肤又变成了红色。

变色龙皮肤里有三层色素细胞，每个细胞中都含有多种色素。当变色龙的眼睛获取到周围颜色发生变化的信息时，通过神经把这种信息传递给神经中枢，通过分析后，再传递信息给皮肤细胞，使其中的色素随之发生变化。

变色龙改变体色还可用于交流，就像人与人说话时的语言一样，体色也蕴含着信息。另外，周围环境的变化、变色龙的情绪、生理状态等都会影响皮肤的颜色。

最外层主要是黄色素和红色素

红色素 神经

黄色素

中间层是由鸟嘌呤细胞构成的

鸟嘌呤细胞

载黑色素细胞

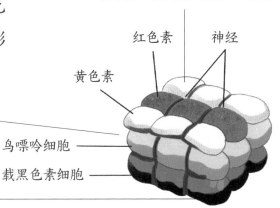

最里层是由承载黑色素细胞构成的

在动物界，一些动物遇到危险时，会发出警告来驱赶天敌。比如响尾蛇，当遇到天敌时，会摇晃尾巴发出沙沙声。这是在警告天敌："我不是好惹的，快走开！"

昆虫界的猫头鹰蝶是一个伪装大师。当它展翅的时候，能看到一个形似猫头鹰眼睛的图案，这种图案能吓跑捕食者。

负鼠靠着"演技"来欺骗天敌。负鼠遇到天敌时，体内会分泌一种有麻痹作用的物质，使它一头栽到地上"死"去。很多动物对死的猎物不感兴趣，这样负鼠就逃过一劫。

课外小知识 Q

在海洋里也有一种伪装大师，它就是章鱼。章鱼遇到天敌且没有地方躲避的时候，就会把体色变成和周围环境相近的颜色。在捕食时，它也会静静地待在海底的沙子上，体色也会变得和沙子相似，然后出其不意地扑向猎物。

有趣的动物现象 / 097

壁虎的尾巴为什么断掉还能再长出来

现象 ──── 《小壁虎借尾巴》的故事里，小壁虎的尾巴断了，它到处去借尾巴。后来它长出了一条新尾巴，壁虎是怎么做到的呢？

壁虎的尾骨处含有干细胞，它能分化产生新的组织。比如人类胚胎中的干细胞也能分化出各种组织细胞，进而形成人体器官。

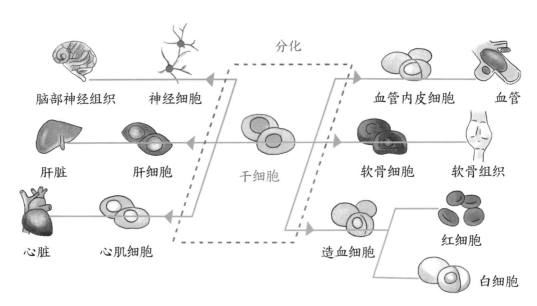

分化

脑部神经组织　神经细胞　　　　血管内皮细胞　血管

肝脏　　肝细胞　　干细胞　　软骨细胞　　软骨组织

心脏　　心肌细胞　　　　造血细胞　　红细胞

白细胞

壁虎的尾骨处有大量的干细胞，所以尾巴断了之后，还能长出一条新的尾巴来。

为什么壁虎要在尾骨处保留一部分干细胞呢？

这是壁虎的一种防御技能。当遇到天敌时，壁虎会飞快地转身逃命，天敌一旦抓住壁虎的尾巴，尾巴就会主动断掉，以转移天敌的注意力，从而趁机逃掉。

课外小知识 🔍

海参是一种生活在海里的棘皮动物，因为它动作缓慢，所以成为一些海洋生物的袭击目标。海参有一项独特的逃生技能，就是遇到危险的时候会急剧收缩身体，把内脏器官通过肛门抛出体外，转移天敌的注意力而借机逃走。失去部分器官的海参并不会死去，过一段时间就会长出新的内脏器官。

鸟为什么能在天上飞

现象 鸟长着一对翅膀，能自由自在地在空中飞翔，还能在空中捕猎。

鸟的翅膀上分布着一根根羽毛，羽毛中间是一根中空的羽轴，长在皮肤中。羽轴两侧生有许多羽枝。鸟在扇动翅膀时就会产生一定的推力，帮助它飞起来。

羽片

羽轴

羽小枝

羽小钩

羽轴

羽枝

羽根

鸟的骨骼轻而且坚固，骨片薄，长骨内中空，充满了空气，这样的骨骼结构大大减轻了鸟的重量，便于它们飞行。

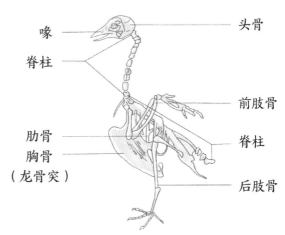

喙
脊柱
头骨
前肢骨
脊柱
肋骨
胸骨
（龙骨突）
后肢骨

鸟飞行时，要不停地扇动翅膀，所以它们有非常发达的胸肌。

和人类不同，鸟吸入的空气，一部分用来在肺里直接进行气体交换，另一部分存入气囊，再经肺排出，因此鸟在飞行时，吸气一次，可以完成两次气体交换，这是鸟类特有的"双重呼吸"。这大大提高了气体交换的效率。

气管
肺
气囊

嗉囊
腺胃
肌胃
直肠

鸟消化吸收能力强，且直肠短，飞行时粪便会随时排出，这样可以减轻体重。

课外小知识 🔍

我们饲养的鸡、鸭、鹅也是禽类，它们明明有翅膀，为什么不能长时间飞行呢？其实它们的祖先也是会飞的。人类的祖先最开始捉到野鸡、野鸭、野鹅后，为了防止它们飞走，就把它们圈养起来。人类选择飞行能力弱的禽类，让他们繁殖产生下一代。在人类对家禽进行一代一代的选择作用下，现在的家禽已无法长时间飞行。

惊弓之鸟是怎么回事

現象 《惊弓之鸟》这个寓言故事，说的是一个神射手对大王说能不用箭射下天上高飞的大雁，大王不信。神射手抬弓拉弦，只听砰的一声，大雁果然掉了下来。

这个神射手真的这么神通广大吗？当然不是。因为神射手发现这是一只掉队且受过箭伤的大雁。当他拉满弓，让弓弦发出声响时，由于大雁受过惊，便拼命想往高处飞，结果使得伤口裂开，从天上掉了下来。大雁因受过箭伤，害怕弓弦声，这是大雁的一种学习行为。

动物的行为有先天性行为和学习行为之分，其中，先天性行为是动物与生俱来的本领，是由遗传物质所决定的。例如：蜘蛛天生就会织网，蝴蝶破蛹而出就能飞舞，小鸭子破壳就会游泳，这些都属于先天性行为。

学习行为是指在遗传因素的基础上，通过环境因素的作用，由生活经验和学习而获得的行为。学习行为又有两种常见类型，

一种是模仿型，另一种是条件反射型。

模仿型的动物还是幼崽时就会模仿哺育者或其他动物的行为，如鹦鹉能模仿人说话；一些鸣禽并不是天生就会唱歌，它们必须听到其他鸟美妙的叫声才会鸣叫。

幼小的黑猩猩会跟着妈妈学习各种生存本领，看到黑猩猩妈妈用蘸着水的木棍从蚁穴钓取白蚁吃，幼小的黑猩猩也有模有样地跟着妈妈拿着木棍去学。通过跟妈妈学习，小黑猩猩学会了使用简单的工具。

在动物界，很多小动物都要从小跟着爸爸妈妈学习如何捕食，只有学会了捕食的本领，才能在弱肉强食的食物链中立于不败之地。

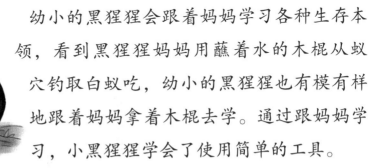

条件反射型，指那些后天获得的、经学习才建立起来的行为，比如惊弓之鸟就是典型的条件反射。

课外小知识 Q

推理学习是动物学习的最高级形式，较高等的动物会有一些推理行为。比如把食物放在玻璃板后面，较高级的哺乳动物，如狒狒、猕猴、猩猩等，会先绕过玻璃板，再拿到食物；而较低等的动物对此只会兴奋地乱爬或是向玻璃板乱扑、乱撞。

哺乳动物为什么能称霸地球

现象 | 生活中到处能看到哺乳动物，像小猫、小狗、猪、马、牛、羊，野外的老虎、狮子，地球上最大的动物蓝鲸，我们人类也是哺乳动物。

哺乳动物之所以能称霸地球，这与哺乳的身体特征是分不开的。哺乳动物最大的特点是胎生，而且雌性动物会分泌乳汁，乳汁给幼崽提供营养，提高了后代的成活率。

许多野生哺乳动物在长期进化过程中，出现了换毛的生理特性。比如雪兔，冬天它们的体毛是白色，这样毛色与周围环境一致，就能较好地躲避天敌的捕食；到了春天，它们就开始换毛，变成灰白色。

哺乳动物有着高度发达的神经系统和感觉器官，能够灵敏地对周围环境及时做出反应。

脑　脊髓　神经

哺乳动物的牙齿有不同的分工，这大大提高了它们的摄食能力。比如狼的牙齿有门齿、臼齿和犬齿，门齿用于切断食物，臼齿用于磨碎食物，犬齿用于撕裂食物，狼是典型的肉食动物。而兔子是典型的食草动物，只有长长的门齿和整齐的臼齿，门齿能快速地切断草类植物，臼齿能磨碎草类。

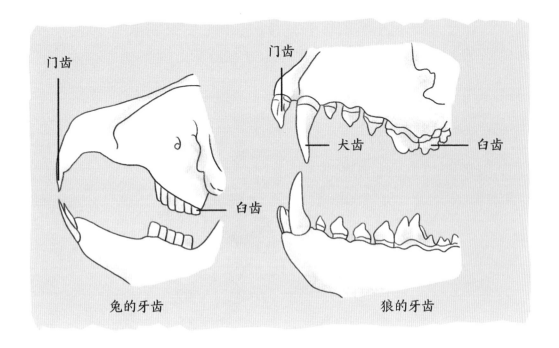

门齿

门齿

犬齿

臼齿

白齿

兔的牙齿

狼的牙齿

正是由于这些特点，使哺乳动物成为最复杂、最高等的一类动物。

课外小知识 🔍

袋鼠是有袋类动物的代表，有袋类动物属于发育不完全的动物，它们的幼崽通常是早产胎儿。比如袋鼠的幼崽刚出生时只有一粒花生米那么大，所以需要进到妈妈的育儿袋里吸食母乳，继续发育长大，直到它们能在外部世界独立生存。

与人类相关的微生物现象

为什么剩菜放久了会发酸

现象 ———— 夏天的时候，我们吃过的剩饭剩菜，放置一夜后就发酸了。发酸意味着食物变质，这种变质的食物就不能再食用了。

剩饭剩菜容易变质。

事实上不管什么季节，食物长时间放置都会出现发霉、腐烂、变质现象。

是什么原因导致食物变质呢？如果把变质的食物制成临时装片放在显微镜下观察，会发现一些活动的微生物，它们就是导致食物变质的罪魁祸首。微生物存在于我们生活中的每个角落，只要在适宜的环境下，它们就能快速地生长繁殖，通过分解食物中的营养物质来满足自己的需要。比如食物中的蛋白质会被微生物分解成肽类和有机酸，从而使食物失去原有的弹性，颜色发生改变，味道变酸。夏天微生物相比在其他季节更活跃，所以夏天的食物更容易变质。

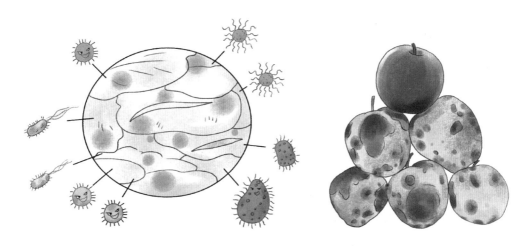

课外小知识 🔍

在安徽黄山有一道菜叫臭鳜鱼，它特别难闻，会让人误以为是鱼变质造成的。实际上，这是其特殊的腌制方法使其产生的味道。鱼类含有丰富的蛋白质，在湿热的环境下，蛋白质会发生分解，于是会散发出淡淡的臭味。但是它吃起来特别鲜美，是来黄山旅游的客人必吃的一道当地名菜。

为什么放久了的面包、馒头上会长毛

现象 我们常吃的面包、馒头等，在潮湿的环境中，很容易长出一些绿色的毛。

导致面包和馒头长毛的罪魁祸首是霉菌。霉菌属于真菌的一种，它的特点是菌丝体比较发达，霉菌主要寄生或腐生在其他物体上。因为霉菌会长出分枝菌丝，所以看上去像是食物长毛了一样。

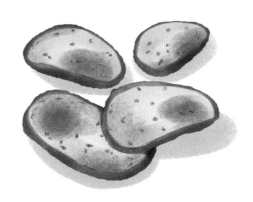

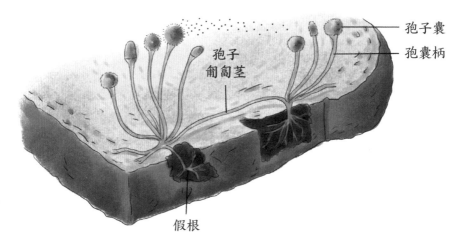

孢子囊

孢囊柄

孢子葡萄茎

假根

对于微生物来说，面包和馒头中含有丰富的营养物质，是生长繁殖的好地方，所以保质期特别短。如果在储存的时候，周围的环境比较潮湿，就给霉菌的生长创造了更好的条件。霉菌的繁殖力特别强，它能产生许多的孢子进行繁殖，造成食品快速变质。

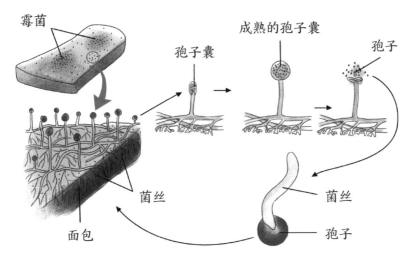

霉菌　　成熟的孢子囊　　孢子

孢子囊

菌丝

面包

菌丝

孢子

孢子

霉菌也有可以利用的方面，比如做豆瓣酱、豆腐乳、豆豉等。但利用霉菌发酵技术制作的食物并不多，大多食物发霉后就不能食用了。

酱油　　纳豆

泡菜

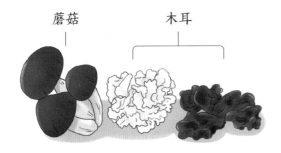

蘑菇　　木耳

除了霉菌，自然界中的真菌还有酵母菌、蘑菇、木耳等。其中酵母菌是人类历史上应用最广的真菌，在酿酒、做面点等需要发酵的时候几乎都会用到它。

課外小知识 Q

千万不要以为真菌只会使食物变质，真菌感染还可引发人体疾病。目前可以使人生病的真菌有300多种，很多皮肤病都是真菌引起的，比如灰指甲、足癣、体癣等。一些真菌甚至能进入人体内部，对人的肌肉、黏膜及各种人体器官造成危害，比如真菌性角膜炎等。

流感病毒为什么会传染

现象 ——— 天气一转凉人就容易得病，特别是流感具有传染性，一个人得病往往传染给很多人，尤其是一些抵抗力差的人，比如老年人、儿童等，很容易会被传染。

　　流感，全称为流行性感冒，是一种由流感病毒引发的急性呼吸道感染疾病，主要发生在春、秋两季。患上流感，人会感到四肢无力，同时伴随着头疼、鼻塞、发热等症状。

咳嗽

发烧 头痛

流鼻涕

呕吐

肌肉酸痛

腹泻

　　一个人如果患上流感，在打喷嚏的时候，会从鼻咽部喷出含有流感病毒的飞沫。如果这时恰好有一个健康的人经过，呼吸到带有病毒的空气，就有可能患上流感，所以打喷嚏的人可及时用纸巾或衣服挡住口鼻，另外戴口罩能比较有效地阻挡空气传播的途径。

流感还能通过接触传播，比如患者使用过的水杯、毛巾等物品，病毒就会附着在这些物品上。当一个健康的人也使用这些物品时，病毒就有可能进入体内，使其

患上流感，如甲型病毒引起的甲肝患者用的碗筷要与家人的分开，否则易使家人患上甲肝。

此外，病毒也会以其他动物为媒介传染给人类，当人在食用这些肉类及其蛋类的时候也可能患病。而且病毒在动物身上可能产生变异，在这些变异的病毒中，可能有的病毒对人的损伤更大，所以烹饪肉类时，一定要充分煮熟，不能猎杀、食用野生动物。

未充分煮熟

流感传染性较强，所以做好防御措施非常重要。

平时要加强体育锻炼，注意饮食营养，只有健康的体魄才能有效抗击病毒的侵袭。

注意个人卫生，勤洗手，不吃不清洁的食物，在流感暴发季节出门戴上口罩，这些良好的卫生习惯也能在一定程度上阻止病毒的侵入。

当然，也可以提前去医院注射流感疫苗，对抵抗流感也是非常有帮助的。

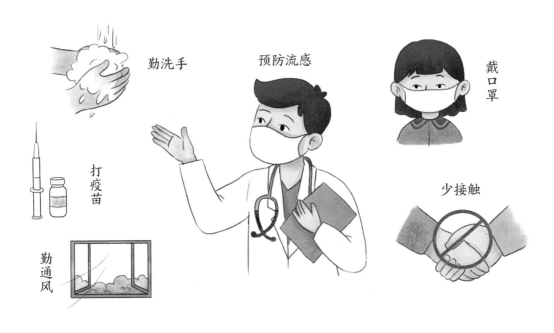

勤洗手　预防流感　戴口罩　打疫苗　勤通风　少接触